U0059753

大都會文化
METROPOLITAN CULTURE

大都會文化
METROPOLITAN CULTURE

# 七大狂銷戰略

作者：西村 晃
譯者：陳匡民

# 序

## 別把自己的懈怠歸罪於不景氣

走遍全國，聽到的都是「不景氣」、「東西賣不出去」這樣的聲音。

東西賣不出去或許是事實，不過真的完全都是因為不景氣的關係嗎？對於這一點，我倒是有一點意見。

舉例來說，一九九六年，日本的經濟出現了罕見的百分之三的高成長，一般都認為在短期間內不大可能再出現像這樣高的經濟成長率。

但是一九九六年真的是全日本的景氣都很好嗎？

實際上倒也不見得。

當時也聽到很多中小型的包商在抱怨「總公司都遷到中國大陸去了」，要不就是商店街的店家們因為「附近又開了大賣場」而感嘆不已。

所以在我認為，不管日本的經濟出現多麼高的成長，還是不可能讓所有的業者都笑嘻嘻地大賺錢。

當然或許是因為這樣的景氣可能還不夠好。

但是話又說回來，就算經濟成長達到百分之五，也絕不可能因此就讓那些被大型賣場搶去客戶的舊式商店街起死回生。

東西賣不好的時候，所有的人都說「景氣不好」。

但是真正賺到錢的人，絕對不會說「景氣不好」。

綜觀古今中外，哪個經營者不是把成功歸因於自己，把失敗歸罪於景氣。

不過就算再不景氣，還是有人可以做生意賺錢。

如果再進一步地探究那些成功的行業，就會發現他們的確有一些會讓人點頭稱是的致勝秘訣。

成功的例子，絕對不是缺乏毅力的經營者，隨隨便便做就可以勝出。在現今的這個時代，不可能容許這樣的事情發生。

景氣好的時候或許誰都可能成功，但是景氣不好的時候，一定是只有最優秀的經營者才能繼續存活，這是絕對正確的。

我把這個稱為「笨拙的子彈，絕對擊不中」。

我認為隨便亂放槍，只要打的數目夠多就多少會擊中是錯誤的觀念。這種屬於或然率的問題，不應該是經營者的理論，而是獎券方面的問題。

現在這個時代，就算是精確地瞄準之後才射出的子彈，都有可能表現不如預期。

有太多例子顯示，即便是品質精良，被認為絕對可以成為熱門商品的東西，依然賣得不如預期，結果讓許多人因而後悔不已。在這個精確瞄準之後射出的子彈都有可能失誤的時機，隨便亂打，也就是以粗劣的產品而想要來大撈一筆的，根本就是癡人說夢，絕對不可能。

我認為現在這個國家需要的應該是「致勝的方法」。

許多的經營者都在長期的不景氣當中失去自信，也忘記了致勝的方法。

我認為我們現在最迫切需要的就是成功的故事。

比如在新聞媒體上看到的也盡是「破產、失業」這種負面的消息。

我雖然本身曾經是在新聞媒體工作的背景，但是平日對於這樣一面倒式的附和性報導，卻一直存著某種問號。總是認為「狀況已經夠糟了，再繼續報導這些負面的消息又有什麼意思呢？」

也曾經發生過這樣的狀況，當時正值日幣升值的不景氣時期，東京的媒體全都到新潟縣的燕市去進行採訪。燕市是一個必須要高度倚賴出口的知名西式餐具產地，當時我上面的主編就這樣交代新進的導演：「要是到那裡的話，就可以多拍點中小企業經營者苦惱的畫面了。」

電視最重視的就是，是否能「拍到好的畫面」。於是大批的攝影師湧入了燕市。但是大多數的記者都被當地的經營者叱回，因為燕市可是還好好地存活著。雖然日幣升值對這裡的確帶來不小的影響，但是此地早就開始進行以擴大內需為中心的多元化路線發展。特別是將鈦金屬的技術運用到其他方面來生產眼鏡架、高爾夫球桿、熱水壺等等，將生產的範圍擴大到這許多不同的產業。「我們還沒有脆弱到需要讓東京的媒體們來這樣的替我們操心」，這是當地的中小企業經營者們的反應。

但是從電視媒體的報導當中，呈現出的還是「受到日幣升值影響下的燕市」。

畢竟，播映日期都已經決定，而且還花了公司的經費出差來採訪，結果說「事實上並不是這樣」，就算真的老實地這樣跟上面報告，一定也不可能獲得上司的諒解。

我也曾經對手下的年輕記者的採訪發出抱怨。那是一個到當地報導汽車工業不景氣的現場報導，但是我們預定的採訪對象卻還沒有答應接受採訪。結果在報導當中出現的就是，記者們在當地車站附近所採訪到的一些計程車司機，在大嘆「景氣不好」，要不就是以前工廠員工們經常去喝酒的酒館老闆娘抱怨「最近客人很少」這樣的影像。

冷靜地想一下，車站附近的計程車司機，本來就不是什麼特別賺錢的行業，同樣的，要找到一家生意鼎盛的酒店可能反而不容易。也就是說，以上的這些狀況其實都不是最近才發生，和日幣升值或汽車工業不景氣根本就是性質完全不同的兩碼子事。

我認為真正的記者應該逆向思考如何才能使狀況改善，或者是具有比較建設性的見識。

不過很可惜的，這些性質雷同的附和性報導，在泡沫經濟期開始扮演煽動者的角色，在經濟不景氣的時候更是助長這股趨勢火上加油。大眾傳播媒體並沒有回應國民對媒體的期待，這也是我個人引以為戒的想法。

所以也因為如此，在這本書裡我特別蒐集了許多成功的範例。

藉著介紹這些在這樣的大環境當中還可以獲利的企業，讓大家了解到企業背後的努力，然後和各位讀者一起來想想看如何從中學習他們的經驗。

另外，最重要的就是要打起精神，找回自信。

希望各位在讀完本書之後能夠真的打起精神，這是我寫這本書最大的願望。
如果這本書有幸能成為各位的維他命，這將會是身為作者的我最大的快樂。

西村 晃

# 目錄

# 第六章 以創意領導銷售的時代

# 第一章 推翻以往的想法

## 外商公司的表現為何一枝獨秀

如果我們靜下心來好好檢視四周，試著從中找出一些活躍的企業，首先想到的一定就是外商公司。

從「麥當勞」、「GAP」、「淘兒唱片」、「星巴客咖啡」到「戴爾電腦」，我們發現在許多受到廣大年輕人支持的產業中，均有相當多的外商公司。即使在風暴連連的金融業界，也有「花旗銀行」、「美林證券」、「AMERICAN HOME DIRECT」等外商，不斷地成為眾人討論的話題。

為什麼外商公司的表現可以這樣一枝獨秀？

就拿「玩具反斗城」來說吧，從當初被認為是過度宣傳地特別請來布希總統參加開幕儀式至今，其進駐日本已經有七年的時間，目前在日本的店數已經有七十家以上，營業額也在一九九八年一月突破一千億日圓。

據了解，足跡遍佈全球的「玩具反斗城」，在全世界所有的店當中，業績最好的就是在一九九七年十一月才開始營業的東京龜戶店。在這家店開幕之前，居全球業績之冠的是神奈川縣相模原店，也就是說，居全球業績第一、第二名的店都在日本。

當然這也是為什麼他們會大舉進攻的原因。

對「玩具反斗城」來說，進攻日本市場絕對不只是玩玩而已。他們來是因為知道在這裡絕對可以賺錢。相較於日本人在大嘆東西賣不出去的同時，對身處大洋彼端的外商而言，他們所看到的日本卻仍然是一個「金銀島」。

許多美國的流通業者，對於自己身處的產業是否能夠在「國情不同的日本」適用同樣的模式，剛開始都相當不安。也正因為如此，「玩具反斗城」的成功對他們而言，似乎的確造成了相當大的刺激。

因此其他像「SPORT AUTHORITY」、「OFFICE DEPO」等，足以扼殺其他同類型店發展的大型專門量販店的相繼前進日本，應該也可以被視為是某種「玩具反斗城」效應。

## 玩具反斗城的秘密

仔細觀察「玩具反斗城」的經營方式，就可以發現其中有幾項非常明顯的特色。

首先是賣場的面積。在這之前，日本玩具業界的店鋪大小規模約在一百坪左右，玩具反斗城的賣場卻有一千坪，是一般認知的十倍左右。裡面的商品種類也在一萬件以上，因此創造出一種「規模上的差異」。

接著是「工廠直營」，打破業界長久以來，從製造工廠到盤商的流通模式，藉由直接跟工廠進貨的方式來實現低價政策。當然，玩具反斗城也是因為掌握了百分之十的市場佔有率，才有這樣的空間可以直接和工廠進行交易。

接下來是第三個特色。其實在我認為，這才是我們最應該學習的地方。在「玩具反斗城」賣得最好的商品，其實是紙尿布，而並非玩具。

家裡只要有幼兒，日常生活當中就一定需要大量的紙尿布。而藉著販賣紙尿布先吸引來目標客層，然後從這種方式再來達到販賣玩具的真正目的。

我在想，日本的玩具店是不是也有這種販賣紙尿布的思考邏輯。

這樣的邏輯不只是在「玩具反斗城」。專門販賣文具、辦公室用品的大型專門量販店如「OFFICE DEPO」、「OFFICE MAX」也相繼進駐日本，在他們的經營方式也有一些和「玩具反斗城」共通的特徵。

首先是將日本文具、辦公用品的店鋪大小從一百坪左右擴大到一千坪，在商品種類方面也蒐羅了將近一萬種。另外，透過「工廠直營」的方式，使得價格方面也出現相當的降幅。

第三個特徵也就是說，在他們的商品當中所出現的，到目前為止，在日本的文具、辦公用品店，幾乎可以說是絕對無法想像的商品。

不管是「OFFICE DEPO」或是「OFFICE MAX」，都有販賣辦公家具以及個人電腦，不光是這樣，在這兩家店裡居然還可以買到咖啡機和咖啡豆。對於在這之前的日本文具、辦公用品店來說，可能從來沒想過還可以賣這些東西吧！如果以實際購買公司用品的上班族的角度來看，用傳真的方式訂購傳真紙、原子筆等用品的同時，順便連咖啡豆都可以一起訂購，然後第二天就有專人送來公司，這樣的服務的確是蠻方便的。

文具、辦公用品業，如果繼續沿用以往的想法或做法，想要再拓展業績恐怕真的非常困難。為什麼這麼說呢，因為在現在這個景氣之下，所有的公司行號都在盡力減少開支，所以像影印的時候必須利用回收紙來減少紙的用量，或是像原子筆這種文具的用量方面也會比以往縮減，這些都是最基本的節流的方法。學生的文具市場，也因為小孩愈來愈少而出現了縮小的傾向。但對此知之甚詳的外商企業，仍然選擇前進日本。因為即便日本整體的市場需求減弱，但外商認為對於拓展自己的新事業仍大有可為，應能掌握相當的市場佔有率，這點可能是令外商能夠勇往前進最大動力。而連咖啡都賣的外商企業，應該可以說在某方面，也迫使日本業界不得不改變以往的想法。

## 「大眾池」法則擄獲消費者的心

外資企業之所以能有亮麗的表現，出現一枝獨秀的局面，或許就是因為他們能超脫一些不必要的過去的經驗，而不斷地引進新的做法。

日本企業長久以來就有「玩具店就應該有玩具店的樣子」，「賣文具的就應該用賣文具的方法來賣文具」的這些固有想法和做法。

不過事實上，消費者的購買行為卻出現了相當大的轉變。因此，做生意的方法也應該順應情勢變化做調整。

舉例來說，衣服愈來愈難賣。也就是說，整個服裝業界的景氣不好。於是有許多業者開始指出是因為冬天愈來愈暖和，而夏天又老是陰陰沉沉的，將理由歸罪於持續的異常天候。但是，異常天候如果一直持續下去就不叫「異常」。

當全世界已經為了地球的暖化特別開設國際會議來討論的時候，真正的專業人士，早應該將暖冬視為是當然的現象，甚至要以此為出發來考慮問題。

在服飾業界一片不景氣當中，以販賣美式休閒服聞名的「EDDIE BAUER」、「GAP」店數卻一直持續增加，同時業績也一直都有成長。到這些店裡觀察之後就會發現，男、女服飾是被放在同一個樓層販賣。

根據「EDDIE BAUER」公司人員表示，年輕情侶們一起挑選衣服，的確會出現銷量提高的情形。仔細想一想，現在這個時代，應該已經沒有人是因為沒有需要衣服而上街購物。對於年輕人來說，買衣服的目的其實並不在於買衣服這件事，而是把挑選衣服的這個過程當作是一種樂趣，所以會在約會裡安排像這樣的一個過程。

但是反觀大部分的百貨公司或是日本的服飾專門店，大部分都像公共澡堂一樣，把男仕服裝和女仕服裝的賣場清楚地區格開來。要是買內衣或是泳衣的話，大部分的男仕都是站在遠遠的地方等，而女性也因為考慮到男性正在等待，因此常沒有辦法好好地慢慢挑選，比較無法有愉快的購物經驗。

但是反觀「EDDIE BAUER」或「GAP」，由於男女服飾陳列在同一個樓層，因此可以一起購買。而且因為男性對於挑選自己的服飾比較不是那麼積極，這時候女朋友如果說「那我來幫你挑」，也有助於提高男性的購買意願。

以女性來說，也有可能因為男朋友就在旁邊，所以會受虛榮心的驅使而想要買比較名貴的衣服，要不就是打著讓男朋友連自己的順便一起刷卡的如意算盤。

如果兩個人在一起愉快地享受購物的樂趣的話，待在店裡的時間也會比較長，這樣一來購買的品項和數量也會呈比例增加。倘若如此，為什麼日本的商店沒有辦法這樣做呢？

一般百貨公司的話，由於男性服飾和女性服飾分別來自不同的製造廠商，所以如果靠百貨公司的店員，把男女服飾歸為同一賣場實在非常不容易。再加上結帳時，收銀機如果必須同時處理不同的商品編碼，也會帶來不少作業上的困難。

不過再怎麼說，這些都是賣方的問題。

賣方先強迫買方接受自己的狀況，創造出一個讓客人覺得不愉快的店舖，然後還怨嘆東西賣不出去，這實在是很沒道理。

追根究底，原來「賣場」象徵的意義，是一個依照賣方的理論所架構出來的地方。如果是站在買方的立場所建構出來的地方，或許可能應該叫做「買場」。

不過這種男女混浴的「大眾池」式賣場，對於年輕情侶來說應該的確是比較新鮮有趣。大部分的消費行為都是在週末假期中發生，這正是未婚男女或年輕的已婚夫婦可以聚在一起的時間。所以製造一個可以讓他們一起度過愉快時光的店，講起來好像是最最基本不過的概念，但是在日本，這樣的店舖卻仍然不多。在某些「EDDIE BAUER」的店裡，就在賣場的一角還設有咖啡店。果然是希望客人能乾脆在店裡約會的一點小處用心。

照這樣看來，是真的需要好好地想一下，到底什麼樣的店舖才是能跟得上新時代變化的店舖？

## 大型商店的營業額為何無法成長

根據日本百貨公司協會的營業額統計指出，在泡沫經濟崩潰後的一九九二年開始，營業額出現了連續四年的降低，好不容易在一九九六年出現成長，但是到九七年卻又一轉變成負成長，九八年開始也還看不到狀況可能好轉的跡象。

總而言之，這種營業額長期下降的傾向似乎沒有辦法抑止。但這真的也是因為「不景氣」的關係嗎？

在超級市場方面的營業額也出現了同樣的變化。日本連鎖商店協會的營業額在連續減少了三年之後，雖然在九六年曾經一度稍微好轉，但在九七年隨著消費稅的提高，又再度出現負成長，在此之後也一直持續低迷。

事實上在九0年代之後，大型店的營業額一直沒有成長。雖然當事者一直以「不景氣」為理由來說明，但是對於在同一段時間業績一直持續成長的便利商店，又該做何解釋呢？「不景氣」固然是一個事實，但是因為這樣所以業績不好也是理所當然？

我反而認為這是店家沒有能夠隨著消費者的變化而彈性應變的結果。

先從百貨公司的例子來看。百貨公司在過去被稱為是零售業之王。只要是在市中心最精華的地段，裝飾著大理石般氣氛豪華的店，客人就會大老遠地跑來。但是在最近這十年，業績衰退最多的就是這些市中心的百貨公司。反倒是一些地處郊區的百貨公司表現較佳，以東京為例，在距離市區三十公里範圍以內的「高島屋」柏分店或是「伊勢丹」相模原店都有不錯的表現。

這些位於郊外的百貨公司，為了要和附近的超市相抗衡，於是以最貼近當地居民生活方式，販售日常生活中經常性需要的一些品項，如生鮮食品等，以確實地奠定基礎。在人事支出方面，也盡量僱用當地的家庭主婦兼差，以減輕公司的負擔，創造出比較容易產生利益的環境。

另外一個特徵是，由於本身的商圈比起市區的店面要來得小，因此在服飾的商品方面，也捨棄了高級名牌，而改以當地居民平常較常穿的居家休閒服飾為主。

所以相形比較之下，位於市區的豪華店舖的業績反而下降幅度比較激烈。

由於位於市區的百貨公司，有很大一部分的銷售是透過營業員直接和公司行號接觸所得，所以這種對公司行號的高依賴度這時候反而變成一項缺點。在泡沫經濟尚未崩潰之前，由於公司行號的送禮需求持續增加，連帶地也帶動了百貨公司的業績成長。尤其是禮品及美術工藝品的銷售更是急速成長。

但是現在的企業已經沒有那樣的餘力，或者說，之前那種不管是什麼樣的應酬飯局都以公司經費報銷的方式，已嚴重地被質疑，所以就不再是單方面的景氣問題，如果單以景氣來解釋就未免太忽略了問題的本質。

所以當日本文化當中的送禮文化都開始受到質疑的時候，我認為，長久以來一直在其中身居要角的百貨業界，就應該要真的好好地開始來思考，如何才能重新建立自身的存在基礎。

市區型百貨公司的景氣低迷象徵，又以東京日本橋最明顯。

一九九八年九月，「東急百貨公司」因為日本橋店長久以來的業績不振，於是考慮要賣掉這個店的消息終於曝光。

這家從白木屋時代開始營業的傳統的店，和同在日本橋的「三越」、「高島屋」並列，是東京都心的商業中心。不過當客人逐漸被新宿、池袋這些新興商業區吸引，再加上附近的證券業者景氣低迷，公司行號的生意也一落千丈之時，就導致這種必須結束營業的局面。

百貨公司，特別是在這種地價超高的精華地段，擁有豪華建築的市區型百貨公司，可以說是零售業界當中相當重要的重量級產業。由於所需的營業成本較高，再加上利潤也並不太大，因此本身必須要以販賣高價商品為主，否則就不大可能出現獲利。

當然也因為如此，所以在客層方面，容易出現以公司行號及少部分的有錢人為主的，大幅仰賴賣場外銷售的情形。

但是對於現在的消費者而言，已經幾乎找不到那種「要買東西就是到○○百貨」，會在一家百貨公司裡，買齊所有所需物品的消費者。

有時候到超市，有時候到量販店，有時候到大型DIY家飾店，偶爾也會在便利商店購物，因此對消費者來說，實際的狀況應該是，百貨公司只是偶一為之的多種選擇之一。

消費者已經開始從眾多選擇當中，選擇適合當時人、事、時、地需求的業種來進行購買行為。所以很多店舖都陸續選擇在郊區開設新店，另外由於自用車或其他大眾運輸的交通工具的發達，人們的活動範圍也隨之擴大，因此當消費者願意到更遠的地方去時，到遠處去購物的可能於是就顯現了。

由於法規放寬，使得大型購物中心也急速增加，消費者可以選擇的範圍愈來愈廣。加盟日本購物中心協會的購物中心數目，目前約有兩千五百家。其中在近六年以來，幾乎每年都增加一百家左右。也就是說，在每四家購物中心當中，就有一家是最近六年之內才新開幕的。當然，從這裡就可以看出商業環境是在如何地激烈變化。

剛好，這六年也就是大型店舖業績衰退的時期。

從這樣的變化我們可以看出，新開設的大型店舖以及大型購物中心併吞了原有大型店舖的業績，同時，設在購物中心當中的各種大型專門量販店、藥房、DIY家飾店等新業種，都直接分散了百貨公司的消費者，使得消費者在前往市中心百貨公司消費時，不管是次數或是購買金額都相對地減少。

當已經有這麼多選擇的時候，仍然願意前往百貨公司的客人，他們對百貨公司的要求又是什麼，我想應該是百貨公司獨有的品質和服務保證。

所以雖然經濟再怎麼不景氣，高級名牌還是一樣受歡迎。在泡沫經濟時期受到歡迎的一些名牌，品質不到名牌水準的或許就被淘汰，但是只要有和名牌相當的品質水準，還是一樣受歡迎，反而是折扣品的業績一直無法提昇。如果是高級品的折扣特賣或許另當別論，但是一般的花車特賣，三件多少錢這種，只是為了吸引客人上門的折扣，實際上在各家百貨公司都沒有什麼成效。特別是在現在這種整體營業額無法提昇的時候，一換季馬上就看到紅色的折扣標價牌，亂打折的情形反而讓人懷疑原定價的價值，讓人質疑百貨公司以定價販售的經營方式。

現在的消費者不是因為便宜才買，是因為適合自己，或者是優雅、高級才買；同時他們對百貨公司所要求的，是要能夠買到在其他地方看不到的流行性商品，這才是大家最應該牢記在心的。

## 綜合型超市敗給當地超市

當大家討論百貨公司的問題時，經常會提到「到底應該要執著於百貨公司，還是朝三十種貨品公司或五十種貨品公司去發展？」這樣的議論。

的確，綜合性的百貨公司裡什麼都有，但是另一方面，什麼都是半調子，每一種商品的都只有幾種，常讓人覺得總是買不到自己真正想要的商品。

像電腦、家電、高爾夫用具、以及玩具等等，這些慢慢地從「百貨」當中被大型專門量販店奪走的商品開始逐漸增加，甚至有人開始認為，與其說百貨是一種長處，不如說百貨開始逐漸變成短處。

這時候就出現了把自己定位在向來擅長的領域，集中成一個高級流行沙龍的百貨公司，他們認為，這樣的做法可能還比較能發揮百貨公司原有的風格。

「西武百貨公司」在一九九八年八月將船橋店改裝，主要的目的是要創造一個以二次大戰後嬰兒潮期間出生的年輕婦人為主的大型流行服飾專門店。提到「西武百貨公司」，在這之前也做過好幾次這樣的改裝，不管是將有樂町店改成以上班族女性為中心，或是將澀谷店改成以年輕人為中心；都是將目標客層清楚地鎖定之後所進行的改裝動作。這次的船橋店改裝也是整個改裝活動的一部分。除了在池袋的總店，因為本身面積規模夠大，所以仍然維持原本的「百貨」型態，其他中型的分店，就不再執著於「百貨」，而改朝向大型專門店的方向進行。

另外在「三越百貨」方面，也開始檢討要將新宿店、池袋店、橫濱店等一些賣場面積不大不小的店面改成大型的專門店。如果在這樣的改變之後還無法生存的話，也不排斥乾脆關門的這種大刀闊斧式的改革。

其中新宿店已經表示要和知名的家具販賣商「大塚家具」合作，將賣場整個委託「大塚家具」處理。

「百貨」開始進入重新檢討何去何從的時代。

同樣的，在綜合生鮮超市方面，也出現了到底該多「綜合」的這種類似的問題。

一般我們想到超級市場，首先就會聯想到像「大榮」、「伊藤洋貨堂」、「傑士柯」、「麥卡魯」、「西友」、「優你」（譯註：以上均為日本知名的全國性大型綜合生鮮超市）等等。像這些分店遍及全國，被稱為全國性超市或綜合超市的大型超市，不但店數多，賣場面積大，販賣的商品也從食品到衣服、日用雜貨、甚至珠寶飾品等，幾乎可以稱得上是「百貨公司」般的商品規模。

由於法規放寬，使得這些大型超市的店數得以不斷地增加，照這樣的情形看來，大家都認為這些超市一定賺了不少，但是事實上這些超市都面臨了相當程度的經營困難。

一九九八年，「大榮」開始連續出現赤字、「傑士柯」的營收和利潤也都雙雙降低，連「伊藤洋貨堂」也不再有以往的盛況。

為什麼店數不斷增加，但是營業額和利潤的增加卻不如預期呢？

事實上會碰到這樣的狀況對東京人來說可能有點意外，但是原本就在當地發展的各地方中小型超市，卻是出人意料的驍勇善戰。而且獲得多方的支持，充分顯示出他們打算阻撓大型超市攻城略地的氣勢。

比如像北海道的「拉魯茲」、青森的「環球」、名古屋的「納富可卡尼爾」、近畿的「關西超市」、四國的「圓中」、「富士」這些超市（譯註：以上均為商業範圍僅限於該地區的所謂「地區性生鮮超市」），都以特有的生鮮食品，在各地區獲得壓倒性的支持，另外他們也盡量使店舖聚集在一起，集中戰力展開猛烈的攻擊。

類似的情況也出現在報業。雖然全國性發行的報紙像《讀賣新聞》、《朝日新聞》等整體的發行量較大，但是地方性的報紙如《北海道新聞》、《靜岡新聞》、《京都新聞》等，卻都各在所有的區域，獲得壓倒性的支持。

就好像地方性的報紙可以網羅所有的當地情報，過濾出對當地人日常生活最有用的資訊，而因此受到當地人歡迎一樣；地方性的中小型超市也以同樣的方式，創造出和當地生活最契合的賣場，因而擁有獨自的競爭優勢。

就以北海道的「拉魯茲」來說。隨著「北海道開拓銀行」的金融危機、老字號百貨公司「丸井今井」的經營危機陸續曝光，北海道經濟的惡化程度遠超過本州，但是對於同樣在北海道的「拉魯茲」卻表示：「不景氣？我們完全沒有影響耶」！完全不受景氣影響，表現突出。

一九九八年二月的營業所得為七百二十八億日圓，比前一年增加百分之八點一。公司的總收入則為二十七億六千七百萬日圓，比前一年增加百分之二十五點九。這已經是總收入連續四期成長超過百分之二十。

他們的商店以生鮮食品超市為主，在北海道內共有五十六家。一九九九年二月的預估總營業額可以超過一千億日圓，這樣的規模和北海道內的「大榮」、「伊藤洋貨堂」相比也都毫不遜色。

「拉魯茲」除了找「大榮」關掉的店面來重新利用，以盡量節省在店鋪開發方面的經費之外，在價格政策方面也有他們的一套。其中最有名的就是所謂的「一物三價戰略」。這原本是集團當中的食品量販店「BIG HOUSE」所使用的手法，將蔬菜等產品的價格分成好幾種；買兩個就比買一個便宜，買整箱又更便宜。用這種方式誘使客人願意主動大批購買。

這樣一來銷量就可以出現大幅的成長，據說在這裡一次購物達三千日圓的客人比其他超市要多出百分之五十。

能夠很細密周詳地掌握當地客人的需要，同時在進貨的品項上面確實地反應出來，這就是其他大型全國性超市所無法取代的優勢。

大型的全國性超市由於店數相當多，因此都是透過統一的大批進貨來降低進貨成本，並從中選出適合刊登在宣傳單上的特價商品。這種追求最大利潤的做法有一段時間的確成為「全國性超市」獨有的優勢。不過和東京完全不同的是，愈深入地方，就愈不能忽視當地特有的一些根深蒂固的傳統和習慣。

這種情形尤其在「食品」這個超市的主要戰場上最為明顯。

除了喜歡口味比較重的或是比較清淡的，這種喜好上的差別之外，甚至因為家裡的人口數而影響到販賣熟食時的包裝容量等等。其他像從當地固有的傳統祭典或節慶所傳承下來的特殊當地食等等，每個地方都有相當的差異性。

甚至各地在氣候和溫度的變化也會帶來影響。

比如說因為所在地理位置不同，氣候也不一樣，所以同樣是賞櫻花，在九州可能從三月就開始，但是在北海道，同樣的賞花就要等到五月才有可能。因此打算在賞花季節推出的便當、飲料、甚至地上鋪的塑膠布等物品實際開始販賣的時間，都要事先就計劃準備妥當。

因此若採用在東京大批進貨的方式，要照顧到各地間的細微差異，的確比較困難。「我們努力的目標應該是『地緣商店』而不是『連鎖商店』」。「大榮」的中內功社長如是說。

所以在他們的綜合超市部門裡，把北海道到九州分成七個類似像「子公司」的組織，把進貨、人事、廣告宣傳，乃至於促銷等各種權限全都交給各地該當的子公司去負責，同時對於這些「子公司」，採取獨立的利潤中心制。

經由這樣的改變之後，各地進貨的方式就陸續開始改變。

比如以新鮮漁貨來說，各地的子公司都有專門在漁港負責採買的人手，所以不只是從中央市場進貨，從其他各地的當地漁港也都可以直接採買新鮮的漁貨。讓這些從當地的漁港直接買來的最新鮮的漁貨，當天就可以馬上陳列在店頭販售。

另外在「傑士柯」以及「伊藤洋貨堂」方面也出現了同樣的傾向。基本上還是維持統一進貨的方式，但是在地方性超市比較能掌握時效的生鮮食品方面，則以強化直接在當地進貨的方式來彌補其中的不足。

不過就算有和當地超市同樣鮮度的漁貨，在價格方面也可能比較容易變成全國統一的價格，所以對當地的消費者來說，可能還是稍微貴了一點。

大型的全國性超市仍還有很多問題。

最明顯的就是和百貨公司一樣的，雖然蒐羅的商品項目廣度相當夠，但是相對地在深度方面就顯得不足，比不上大型專門量販店。特別是最近新開了很多規模讓人咋舌的超大型專門藥店、或是DIY家飾店，這些商店在商品方面都有絕對的完整性，再加上價格便宜，營業額一直不斷攀升。從紙尿布、衛生紙、家具到腳踏車，像這種體積大的商品，大型專門量販店由於在面積的規模上遠勝過超市，當然販賣這些商品也比超市要強勢得多。

那到底超市應該販賣些什麼東西，和其他的業種又該做如何的區隔？這的確是個大問題。

比方拿服飾來說好了。

超市賣的服裝主要就是以價格便宜取勝。但是如果光比價格的話，現在也有很多量販店；如果要比流行性的話，很明顯地又比不過百貨公司。

很多超市都將營業時間延長，要不就在在過年期間照樣營業，對於食品類賣場來說，採取這樣的措施可能還蠻有成效；但是對服裝部來說，有不少超市過了晚上六點以後，服裝部賣場的工作人員反而比客人還多。

到底有多少客人會在過年期間到超市購買日常用品時，還順便購買內衣之類的東西？卡在強調價格便宜的量販店和徹底追求流行性的百貨公司的夾縫之間，綜合性超市到底該賣些什麼？

在各地區陸續開設大型購物中心的「伊翁集團」，早就開始注意到這種綜合性超市發展的瓶頸。所以在他們的大型購物中心當中，以生鮮食品為中心的綜合超市部分委託「傑士柯」負責，其他部分則盡量結合許多專門店，希望能以這樣的方式發揮複合性商場的效果。

「伊翁集團」有一個特徵就是，特別積極地和外商企業合作。不管是運動用品方面的「SPORT AUTHORITY」、辦公文具用品的「OFFICE MAX」、女性服飾類的「TALBOT」、或是美容美體用品的「美體小舖」等等，他們會和這些有直接合作關係的廠商結合，然後把各個不同領域的產品交給在該領域中的專門廠商負責。

另外他們也致力於招攬其他高知名度的企業，如「玩具反斗城」、「無印良品」等，希望能夠藉由這些企業的加入來提昇購物中心本身的集客力。

這樣的做法其實和新宿的「高島屋時代廣場」的精神非常接近，因為在「高島屋時代廣場」，除了「高島屋百貨」之外，還結合了「SEGA」的電動遊樂設施、以及「東急

HANDS」（譯註：以DIY及休閒、家飾為主題的綜合賣場）、再加上「紀伊國屋書店」；因此建構出一種超越單純百貨公司的複合式賣場，以求得相乘式的集客效果。

當百貨公司開始不再拘泥於「百貨」之後，似乎顯示出，光是綜合性超市，也已經無法再像以前一樣百分之百滿足顧客的要求。

所以大家必須要先認清這一點，業績無法成長不是因為景氣不好，而是因為店舖存在的方式已經跟不上時代的變化！認清這樣的事實之後，才有辦法開始改革。

如果只把業績不好歸罪於景氣，那是永遠沒辦法進步的。

現在需要的是把過去的老舊想法丟到一邊，開始嶄新的大膽改革。

# 第二章 超脫過去的成功經驗

## 時代的進步遠超過我們的想像

如果提到能具體表現戰後日本發展的人物，相信大家都會想到松下幸之助、本田宗一郎、井深大這幾位深諳經營之道的人。

不過我認為，創立「大榮」的中內功先生，也是一位足以和上述偉人相提並論的經營者。在這個大量生產、大量消費的日本社會，超級市場在我們的日常生活中所扮演的角色異常重要；而一手促使這個行業在日本生根的中內功先生，應該也算得上是和我們日常生活最有密切關係的人物之一。

一九七二年，這是日本在邁向高度經濟成長歷史當中相當重要的一年。田中角榮政權在這一年誕生，日本全國沸騰在一片改造風潮當中，當年的住宅開工件數創下有史以來最高的一百八十五萬戶。由於在接下來的那年就發生了第一次石油危機，使得在此之後的景氣持續了好長一段的低迷時期，當時日本的發展的確可說是到達了某種頂點。

在這一年，也發生了一件足以象徵大量消費社會終於產生的事件。那就是「大榮」的營業額首度超過「三越」，成為日本第一。零售業的主角開始從百貨公司轉移到超級市場。這似乎也證明了當時大榮的那種「把好的東西盡量便宜賣」的理念，恰好滿足當時社會上的需求，因此才造成這樣的一個結果。

二十六年之後，現在的「大榮」卻是被巨額的債務所苦。一九九八年二月的結算顯示，公司出現了創業以來首次的總營收赤字。

雄霸零售業的「大榮」居然也會有這樣的一天，這恐怕連中內功自己都想不到。

如果說零售業的「西霸」是大榮，那足以和西霸二分江山的「東雄」就非「西友」莫屬了。

不過目前「西友」的狀況的確也不怎麼樣，「西友」最大的優勢就是擁有許多位於車站附近，多為西武鐵道所經之處（譯註：西友屬於日本西武集團，西武鐵道亦屬同一集團），享盡地利之便的店面。

但是隨著自用車的普及，開車去購物也逐漸成為主流。這個時候，位於車站附近的狹窄路面，停車空間又不足的「西友」，反而成為最具代表性的「不易前往」的商店。再加上競爭對手不斷地開闢新店面，「西友」卻因為本身所處的空間狹窄，不易擴增賣場面積，因此來不及反應時代的變化而錯失機會。

如此，相信各位不難發現，即便是曾經廣受好評的生意，一時所掌握的優勢也可能隨著時代的變化而轉為劣勢。所以如果還一直浸淫在過去的成功經驗當中，恐怕很難面對新時代的變化。千萬不要以為三年前的致勝手法現在還能創出佳績。

## 打破「和去年比較」的思考模式

據說某家超市因為先前推出喀什米爾羊毛衣非常受歡迎，因此在第二年開策略會議的時候，負責的人就表示：「去年的進貨量是一百，今年應該進一百三十」；沒想到公司老闆當下表示：「日本人應該穿不到那麼多喀什米爾羊毛衣，進七十就足夠了」。

我也認為老闆的看法應該是對的。

但是的確有很多企業，還在沿用事事和去年相比的思考模式。

事事和去年相比的思考模式，或許適用於正在成長中的日本經濟。

先從訂立生產計劃開始，然後才會考慮到銷售計劃，那時候大家都還理所當然地認為，應該把重點放在如何供給商品這種所謂的「PRODUCT OUT」理論。

因為，堅信「需要是可以被製造的」，所以，以往的方式都是先進行生產，然後開始做廣告大肆宣傳，這樣就可以創造好的銷售成績，讓商品賣到沒得賣，這就是以往的固定模式。

以前大家常說，只要有好的產品就一定能賣得掉，可是實際上當我們看到現在的經濟情況，雖然不好的商品一定賣不掉，這是一個絕對的事實；但是好的商品卻也不一定能賣得出去。在經濟成長期想像不到的供給過剩、需求減少，現在已經成為經濟構造變化所帶來的結果。

如果還在盲目沿用過去的成功經驗，是絕對無法成功的。

## 通貨膨脹時代的想法不再適用

運用通貨膨脹時代的經濟手段，是無法戰勝貨幣緊縮經濟的。

比如到目前為止，每遇到經濟不景氣，政府就會以擴大內需的方式，大興土木興建公共建設，企圖以這樣的方式來改善景氣，其中又以建設國宅最顯著。

把銀行的貸款限制盡量放寬，另外降低利率，甚至還以減稅的方式希望能鼓勵民眾購買自用住宅，以為這樣就可以嘉惠建商，同時帶動家電產業，希望讓整個景氣就此好轉起來。但是這樣的手法現在已經不管用了。利率再怎麼降，房子還是賣不掉。

一九九六年高達一百六十三萬戶的新增住宅施工件數，預計在一九九八年將會減低為一百二十萬戶左右。雖然現在購買自用住宅比以前要便宜，但是重點是對於一般的上班族來說，根本不會有想要購屋的慾望。一買房子可能就要背負長達三十年的房屋貸款，但是有誰敢保證在這段期間之內公司不會倒閉？

在通貨膨脹的時代，背負房屋貸款這種一生當中最大金額的負債時，因為負債金額的價值可能逐年遞減，而另一方面薪水所得則是會逐年增加，所以大家或許還認為與其長年付出高額的租金，還不如負擔貸款買自己的房子比較划算。但是這種情況在緊縮貨幣經濟的時候就剛好相反。

緊縮貨幣經濟就代表收入會縮水，但相對地負債卻不會。也就是說，經過的時間愈長反而覺得愈感覺負擔的沉重。在這樣的環境之下，當然不會有人想要負擔數十年的貸款來購屋。因為國民並沒有隨著政府的腳步起舞，降低利率再加上減稅的優惠，房子還是賣不掉，結果就是景氣依然無法恢復。

這也就表示，連政府的想法，都還停留在過去曾經成功地扭轉景氣的經驗當中，遲遲想不出新的辦法。

## 「減價折扣理論」完全崩潰

到目前為止大家都認為，當東西賣不出去的時候，只要降價求售就沒問題。所以每次只要一到季末年終，不管是大型店或是個性商店，從家電到汽車，每一種商品都競相以折扣優惠價格出清存貨。

但是現在的拍賣折扣，卻無法發揮像以前那麼好的效果。

百貨公司因為折扣的集客力不比從前，所以要不就提前開打折扣戰，再不然就延長折扣期，儘其所能地盡量便宜賣，但是市場的反應卻依然冷清。

這使得一般夏季的正品從七月初就開始，冬季的服飾也從十二月就陸續開始打折，由於以正常價格販賣的時間愈來愈縮短，讓消費者也不禁開始懷疑到底一般定價的意義何在，反而造成反效果。這樣的情況或多或少也讓消費者開始覺得，以定價購買是一種愚蠢的行為。

消費者聽到減價折扣就會行動的時代已經過去了。

基本上當大家都想買很多東西的時候，用價格政策來喚起消費者採取購買行為的確是一種有效的方法。但是對現在的消費者來說，只要是超過基本需求以外的東西，他們都是抱持著一種盡量不購買的態度，要不就只想購買少數品質精良的物品而已。

所以決定購買與否的要素已經不再是因為便宜，而是因為適合自己，或是因為產品本身所具有的功能。

當然如果是同樣的品牌、品質相當的商品，當然大家都希望能盡量以便宜的價格購買；但是現在的消費者已經不再是一聽到折扣就蜂擁而至，他們會同時多方注意各店的消息，然後慎重地採取行動。

因為消費者從泡沫經濟崩潰以來，已經了解到一點，那就是只要有耐性等，價格一定會降下來。就算賣方已經開始降價，但是只要再多等一陣子，或許就可能還會再往下降，或者也可能會有其他店賣得更便宜，所以現在的消費者在行動前會更小心謹慎地耐心等候。一時起意的衝動性購買幾乎已經很少發生。在消費者這樣刻意控制購買慾的情況之下，賣方是絕對的輸家。只要這種源於通貨膨脹經濟時代的惡性循環繼續發展下去，折扣就只會引來更多的折扣，於是價格更會陷入只降不升的泥沼當中。

大家一定要有這樣的認知：用折扣戰來喚起客戶需求的這種方法早已經過時。

那現在我們該怎麼辦？

應該讓賣方市場來領導買方市場。

以下就是開始實行此種方針的一些例證。

## 應該創造前所未有的高附加價值商品

對於消費者來說，如果商品本身有足夠的吸引力，那麼就算沒有折扣減價，消費者一樣會購買。當然如果家裡已經有現成可以替代的產品，消費者就會選擇繼續等待，希望能以更便宜的價格購得。因此如果是在這樣的買方市場上，削價競爭也就變成必然的結果。所以重點就在於，如何替產品創造出超越價格的魅力。

所以，各個家電廠商都在為了要開發出所謂「劃時代性的新商品」，激烈地競爭。當然，創造出前所未有的新商品，是一件非常重要的事；但是就算是現存的商品，只要能賦予產品更高的附加價值，就可以避免產品被捲入削價競爭的漩渦，這正是開發背後的策略。

就拿電視機來說好了。

一般大家可能都認為像電視機這種，每一家都有好幾台的商品，市場上的需求可能已經不復從前。但是實際上，電視機市場每年銷售掉的新產品都在一千萬台左右。

雖然大部分購買電視機的消費者是為了汰舊換新，所以一般大家都認為消費者在這樣的景氣之下，可能會選擇再多忍耐一段時間，暫時不採取行動。因此各家廠商就開始絞盡腦汁，想要發展出無論如何都能打動消費者的產品附加價值。

全平面電視機就是在這樣的競爭之下誕生的產物。

距離映像管誕生已經有一百年，大家一直認為電視的表面就必須是球形。首先是因為球形畫面在強度方面比較穩定，另外因為電視機的光線會從中心部分照射出來，因此為了要使距離中心比較遠的兩端，仍然可以保持清晰的影像，因此採用等距的球形畫面的確比較適合。

但是「新力」所開發出的平面電視「貝卡」，就是推翻了這個定理所創造出來的新產品。對於擔任開發此項商品的工作人員而言，將平面電視化為現實簡直就是美夢成真。

當此項商品首次出現在賣場的時候，大部分的消費者一開始也都還抱持著懷疑的態度。也不斷地有人提出「為什麼這個電視機是扁的？」這樣的問題。

因為大家都已經習慣電視畫面中央的球形突起，所以對於平面的電視螢幕，反而覺得看起來像是凹陷進去一樣。

「新力」甚至還必須請現場的販賣員拿著尺在現場實際測量映像管，用這種方式來說明這台電視的確沒有凹陷。換句話說，這項商品和現存的商品之間的確有著極為顯著的差異，因此消費者才會有這樣的疑惑。

當大家逐漸了解平面的螢幕所表現出來的影像比較接近自然影像，看起來也比較舒服的時候，「貝卡」的銷售成績就開始愈來愈好。之後「新力」的開發研究人員還表示，非常感謝其他廠商的陸續投入製造全平面電視，因為如果光只有「新力」一家廠商從事這樣的開發時，要讓消費者完全了解此項創舉的優點可能不是那麼容易，但是當其他廠商也相繼投入的時候，大家的力量反而讓消費者可以更容易理解此項產品的優點。

當大家都開始接受這種比以往的電視機要高出幾萬圓的全平面電視之後，就有一種想在下次換電視機的時候，換成這種全平面電視機的想法。最重要的是，像這樣附加價值高的產品，即便是在量販店價格也不會降下來。因為如果是既存的商品，消費者會以價格來考量是否購買；但是如果是這樣劃時代性的新商品，一般就會以它的機能、特色為考量點，只要真正想要，就算價格比較貴還是會買。

家電業的另一位霸主——「松下電器」，也是此種高附加價值路線的先驅。「松下」從九〇年代開始，就在電鍋這項產品方面，開始率先朝此種方向發展。

首先是將比一般電鍋價格高出將近三倍的IH電鍋，普及到一般家庭。以往電鍋的火力總是沒辦法隨心所欲地調整，以理想的煮飯標準「剛開始要小火慢煮，然後就要火力十足」來說的話，就是在正需要火力十足的時候，很難將電鍋的火候一下由小轉大。於是推出這種IH電鍋，它特別強調由於改採用一種特殊的熱源，所以可以把飯煮得更好吃。

其實這時候，負責開發此項商品的人員還在擔心，這種價格比以往的商品貴了將近三倍的電鍋到底賣不賣得出去。於是「松下電器」用了一種全新的行銷方式來強調這個產品的優點。那就是把這種電鍋煮出來的飯做成飯糰，在早上上班時間到車站發給上班族食用。

於是，這種電鍋很快就熱賣起來，成為此項產品中的主力商品。而消費者接受了這種比原來的商品高出約三倍的價格。

至於「松下電器」，則是又展開了下一個策略——洗衣機。

以往日本的洗衣機，都是在洗淨槽下方裝設一種迴轉翼，藉著迴轉翼的旋轉，來攪拌衣物，以達到洗淨衣物的效果。而一種改變以往洗淨方式的劃時代新商品，在一九九八年八月正式發售，且還有個特別的名字，叫做「離心力洗衣機」。

不需要透過迴轉翼帶動，光靠洗淨槽本身的旋轉來製造離心力水流，然後以此種水流的力量就可以去除衣物上的污垢。這種新的洗衣機和以往的洗衣機最大的不同就在於，用這種洗衣機洗衣服的時候，衣物不再需要被轉動。

以往的洗衣機因為衣物在洗衣槽內，都會經過激烈地迴轉，所以經常會因為糾結、纏繞、扭轉在一起，而使衣物容易遭到破壞。尤其最近很多衣服都是使用比較纖細的材質，因此對許多家庭主婦們來說，最苦惱的就是，常要擔心衣物會在洗衣服的過程中受損。

所以廠商認為，雖然這種新型洗衣機的價格，比原來的洗衣機要多出好幾萬日幣，但是因為「離心力洗衣機」強調的就是可以使衣物永保如新，以最後算下來還是比較划算，應該可以獲得消費者的認同。

因此大家都認為，在現今這種緊縮貨幣經濟的時代，應該重視的不是數量上的銷售金額，而是推出高品質的商品，繼而使之普及。這才是這個時代唯一的生存之道。

希望大家能夠注意到，「只要便宜就賣得掉」這樣的想法，現在已經逐漸開始產生了變化。

## 鍛鍊預測未來的敏感度

如果在進入二十一世紀之後，再回過頭來看一九九〇年代的這十年，相信這十年應該可以算得是歷史上相當重要的一個轉換期。

在戰後持續了將近五十年的長期成長，卻因為彈性疲乏而走到絕路。甚至連一些正面的評價也都在瞬間轉成負面。

舉個例來說，終身僱用制度在不久之前還是一種在勞資行為習慣當中獲得相當評價的制度。甚至有人表示，就是這種讓技能熟練者可以長期待在公司，不致浪費教育經費，對人員的投資也都可以用在公司的這種制度，才是造就日本高度成長的條件。

但是現在的情況正好相反。

愈是優秀的人才愈想換工作或自己創業。

甚至大家會認為，一直待在同一家公司的人，是因為本身不具有足以吸引其他公司或自行創業的能力，因此在沒有辦法的情況之下，才不得不安於終身僱用制。在這樣的情況之下，以企業的角度來說，採用終身僱用制也已經不具任何意義。這簡直就是價值觀的一百八十度大轉變。

另外一個例子，以往大家一想到在經濟部或銀行上班，特別是那些分行遍及全國的大規模銀行，就會聯想到是很多東京大學畢業的高材生都爭相湧入的金飯碗中的金飯碗。但是在銀行呆帳不斷曝光，壞消息陸續浮上檯面的今天，這些以往的金飯碗，地位也早就不若以往。至少不會像以前一樣，是孩子們從讀書時代就開始立下的努力目標。

在這極短的時間內價值觀就出現了這樣巨大的變化，人們也因此對於未知的前途更為憂心。

如果想要在這樣的時代裡成功，就需要非常柔軟的想法以及大膽的判斷力。

除此之外，我認為最重要的還是不能被過去的成功經驗所束縛。必須要經常地摸索出新的求勝方法。這已經不是一個普通的經營者隨便做做就可以勝出的時代。

在這方面，倒是有一家企業的例子可以供大家參考。那就是位於富山縣黑部市的「北星橡膠工業」。

一般大家提到黑部市，大概馬上就都會聯想到山。因為黑四水壩的名氣實在太大了。但是當實際走訪當地的時候卻發現，北陸本線的黑部車站其實是靠海邊。

到底為什麼黑部市會出了一個橡膠製造廠呢？

「因為以前這個地方是以漁業為主，所以像長靴、手套這些橡膠製品一直是這裡的必需品。再加上經年多雪的關係，所以長靴的需求量更是特別大。」根據米屋正治董事長表示，在二次世界大戰結束不久之後，「北星橡膠」所製造的長靴，就是主要行銷北部地方的知名品牌。但是從二十七年前開始，「北星橡膠」完全斷絕和長靴這項產品之間的關係。

當時公司因為意識到汽車將會是今後時代的主流，因此企圖想要藉這個機會，轉型成為完全不同領域的汽車零件製造商。

像北星橡膠工業這樣，一下完全脫離到目前為止經營地非常成功的領域，應該是需要相當大的勇氣。因為這樣一來，公司所創出的自有品牌也就會因此消失。但是，「北星橡膠」卻轉換地非常成功，以車窗玻璃的橡膠窗框製造廠商，成功地在業界闖出名號。

「北星橡膠」因為地利之便，所以公司和「豐田汽車」一直有相當程度的來往；但是另一方面，卻不受制於一家公司，而是以提供其他汽車廠商橡膠窗框的方式，來維持公司的經營。現在，在北星橡膠的營業額當中，光是和汽車相關的零件比率大概就佔了七成。

雖然如此，米屋社長卻認為，公司如果繼續維持現狀，到了二十一世紀可能會面臨極大的困境。

「因為整個汽車產業勢必將朝更國際化的方向發展，如果『豐田』、『日產』或『本田』，都一直持續增加在國外製造的比例，屆時他們所需的橡膠製品可能也需要由當地的廠商來提供，如果情況是這樣的話，那麼當然使用到我們公司產品的比例也會相對地減少。」

所以米屋社長的策略就是，從現在開始就降低汽車相關零件在整體營業額當中所佔的比例，這就是所謂的未雨綢繆。說得更具體一點，公司是在朝建築相關方面以及資訊情報產業方面找出路。比如說最近的建築，以鋼筋水泥做外牆的比例降低，反而是用窗玻璃做外牆的比例在逐漸增加。「北星橡膠工業」就注意到這樣的發展。

一九九七年開始營業的JR京都車站（譯註：JR為舊有『日本國鐵』更名為『日本鐵道』後的簡稱）的建築，當時曾經因為建築物相當龐大以及嶄新的設計而聲名大噪，而這棟大量使用玻璃構成的建築所使用的橡膠窗框，就是「北星橡膠工業」的產品。

由於橡膠必須因為使用的目的不同，而需要不同的強度和硬度，另外還必須有可以貫徹從原料到生產的一系列相關技術；再加上長期和享譽全球的日本汽車工業合作，因此產品都是符合他們嚴格品管要求之上的高品質，這使得北星橡膠在自己的產品方面有相當大的信心。

「北星橡膠工業」在京都車站之後，更成功地取得了JR名古屋車站這個超級摩天大樓的案子，透過陸續地參與此種具有指標性的超大型計劃，使得北星橡膠工業在此一業界也逐漸打開知名度。

但是在經濟不景氣的時候，建築業本身也是處於嚴寒的冬季。

因此公司是否能在汽車零件之後，將整個重心移到建築相關產業，實際上這個產業是否能提供穩定的需求量，也是個未知數。所以「北星橡膠工業」還想到另一個產業，那就是資訊情報產業。

不過一般人可能很難想像，到底資訊情報產業和橡膠工業之間有什麼關連。

「和電腦連接著的印表機，印表機裡把紙張捲上來的捲軸就是橡膠製品。以往橡膠要用在電器製品當中的時候，最重視的就是絕緣性，也就是不讓電流通過的此種性質。但是我們所做的卻是開發出完全不同的，也就是能夠導電，可以使電流通過的橡膠製品，然後提倡相關廠商使用此種產品。」

這樣的解釋，對一般人來說可能還是很難理解。

「因為在印表機裡面捲動的紙張本身常會產生靜電，而且這種靜電會影響到墨水流量，使墨水流量比較不那麼順暢。因此如果改用我們所開發出的具有導電性的橡膠產品，就可以吸收這種電流，提高印刷品質。」

現在「北星橡膠工業」所發展出來的零件，是所有印表機廠商一致選用的必備零件。

從長靴到汽車零件，再一直發展到建築相關產品和資訊情報產業零件，「北星橡膠工業」一直不斷地在了解新時代的變化，同時也不停地調整自己的步伐。

不是在浮現問題之後才想要如何彌補，而是要更搶先好幾步，在問題還沒發生之前就要先想到並且採取行動。雖然生產長靴的「北星橡膠」這個品牌因此而消失，但是也可以說他們是因為有捨才有得，因為捨得下這個虛幻的品牌，所以才得到實際的成功。

即使是在印表機的零件這件事情上面也可以發現，如果他們想要銷售的是最終產品——印表機，以一個地方性企業的規模，可以說是絕對沒有勝算。因此不如提供零件給各大廠商，這樣反而能確保有廣泛的通路來銷售自己的產品。

所以千萬不要被過去的成功經驗所束縛，為了因應新時代的變化，必須不斷地思考新的方法來自我調整，實施自我改革。這應該可以算得上是今後存活的必須條件。

## 要能視環境需要做彈性變通

最近當我到地方上去採訪或演講的時候，經常會聽到人家說「附近又開了一家『傑士柯』耶」。雖然很多大型超市都是到處在積極地設點，但是其中以「傑士柯伊翁集團」特別熱中於建設大型的購物商場。

還記得當我有機會見到「傑士柯」的社長岡田卓也先生的時候，我也曾向他請教過這件事情。

結果岡田社長說：「當我們還在傑士柯的前身，也就是從岡田屋和服店的時代開始，就有這種『要能移動一家的支柱』的這種家訓，我們現在所做的，不過是遵照這項家訓而已。」

「一家的支柱」，也就是一間房子的棟樑，被視為是一家守護神的象徵，照理說一般是絕對不可以搬動挪移的，但是在岡田家卻認為，如果為了要爭取更多的客戶，就算要搬家，面臨到必須移動「一家的支柱」這樣重大的決定，還是會斷然地決定做出改變。

事實上據說位於四日市的「岡田屋和服店」就是這樣，每當商店街的人潮流動出現變化的時候，就會隨著搬到能爭取更多人潮的地方。

現在，巨大的「傑士柯」之所以會這樣積極地整頓位於車站前的小店，並且不斷往郊外去建設新的購物中心，也就是因為延續了上述的那種「移動一家的支柱」的精神。如果不這樣做，就算是規模龐大如「傑士柯」，也談不上會有未來，這就是岡田社長的信念。

最近常有一些商店街的人來徵詢我的意見：「景氣又不好，附近又開了大型店鋪，照這樣下去我們還有希望嗎？」我當場馬上就斷言「絕對不行」。

希望大家稍微思考一下，當規模龐大如「傑士柯」都說出要「移動一家的支柱」的時候，在人力、物力、財力各方面條件都比不上人家的商店街，當然不可能「照著以往的方法」就可以繼續下去。

生意做得好壞或許要看個人不同的方法，但是會有所謂「照著以往的方法」就可以的想法，恐怕只能說他真的是想法太樂觀！

我認為如果說「傑士柯」做了十分的變化，那對於商店街的小店們來說，可能要做到三十分或四十分的變化，才有可能稍微和對手站在同一個立足點。

但是愈是一些在地方上最出名，被公認是知名的老舖，愈會發現他們對時代變化難以招架。雖然在過去曾經有過某種程度的成功經驗，但是如果要叫他們冒一點險，卻總是遲遲猶豫不前。

而且他們比較容易把眼前營業額低落的情形，歸罪於經濟不景氣，認為只要再等一陣，等到時候景氣回復之後，營業額也會恢復到像以前一樣。

但是實際上目前發生在這個國家的經濟變化，不只是因為景氣不好，而是數十年一次的價值觀上的大幅改變。

如果再抱著「只要等待，暴風終將過去」這樣的想法，恐怕真的很難突破重圍，而且擁有這樣想法的不僅只是這些老店而已。

對於在二十世紀，經濟發展居全球之冠的日本來說，此時應該也是一個突破以往成功經驗的束縛，需要在想法上力求創新的時代。或者應該說，這是一個必須要全國一起來移動「支撐一家的支柱」的時代。

# 第三章　從顧客的角度思考

## 雜貨店為什麼會失敗

我家附近有一家雜貨店。有一天突然就關了，鐵門也拉下來。我太太在附近打聽之後，聽說這家店將會改成一家便利商店。

這其實是常有的事，但是讓我感到興趣的卻是，當我聽到我太太在和附近的家庭主婦提到這件事時，大家四目相對，異口同聲地說出「真是太好了」。

「為什麼會說『真是太好了』？」

「因為那家店雖然也有賣一些雞蛋和牛奶，都是不怎麼新鮮，有時候想買卻又沒得買……」

因為在我們這住家附近一兩分鐘可以走到的距離範圍之內，並沒有其他的商店，所以對於一些孩子還小，比較不方便外出購物的家庭主婦來說，經常會需要在這裡買東西。但是我到目前為止也不知道，原來她們對這家店有這樣的不滿，而且這還是附近家庭主婦們一致的想法，所以才會出現大家都認為這樣的改變「真是太好了」的結果。

這樣的一件事其實蠻有意思的。

當大家認為「真是太好了」的時候，便利商店其實還並沒有弄好。不過這表示消費者已經認定，連鎖的便利商店的品質管理一定遠勝於個人開的店鋪這樣一件事。

而且根據內人表示，之後當大家在附近的公園又討論到這個話題的時候，好像有不少附近的居民都一致地認為這樣的改變「真是太好了」。

我在想，原本經營菸酒專賣店的老闆，不知道曉不曉得這樣一件事。

如果是在不知情的狀況下一直這樣在營業，那可能真的只能說是感覺太遲鈍；如果說是在已經知道很多商品都過期的情況下還繼續販賣，那就是真的太怠慢了。

不過不管怎麼說，結果都是無法繼續經營下去，必須改成便利商店，或許那家店的老闆也會將這樣的結果歸罪於「景氣不好」或「因為附近又開了大型的店鋪」吧。

但是至少以我的角度來看，我不認為這家店的失敗是因為上述理由所引起。

當然，如果願意開車去購物的話，只要十分鐘左右的車程，就可以到附近的三家大型超市。

但是實際上不可能每一樣東西都到大型超市買齊，走路一兩分鐘就可以到達的店面，事實上的確是比較方便，所以照理說顧客的需求應該是存在的。但是這家店眼睜睜地把這些客人推出門外。

一般來講，要讓經營者以客人的角度，客觀地來設想客人對於自己的店鋪和商品到底持有什麼樣的想法，是很困難的事。因為大部分的人，都是對於自己的店面或商品抱有完全的信心，因此才會開張營業。應該不大可能有人認為自己店裡的拉麵不好吃，還持續在做生意的。

但結果是，生意可能的確不怎麼好。卻會怪罪那些不上門的顧客沒有眼光。

到底原因出在哪裡呢？是品質？價格？店面的問題，還是服務人員的態度不好？或者是競爭對手太強……？

應該可以找出很多理由吧！的確也有很多經營者，不會先反省找出店裡內部的原因，而直接就把這樣的結果推到景氣不好、競爭對手規模比較大等等，用外部的理由來解釋，然後覺得因為情況是這樣，所以很合理。

如果是大型的商店或全國性的連鎖便利商店的話，因為有不止一個以上的人在做這些判斷、甚至諮詢顧問，所以比較容易接受一些客觀的資訊。有些甚至還有顧客意見調查，免付費申訴專線等等，透過這樣的一些管道，取得較多的素材，來了解顧客的真正想法，並藉此來判斷企業在顧客眼中的形象。

相對地，以當地居民為對象的雜貨店，則比較難了解到底客人對自己的店印象如何。因為客人幾乎都住在附近，大家也都認得；因此就算有什麼不滿也不好意思抱怨。除非店主自己非常積極地到其他競爭對手的店裡去觀摩分析，要不然很難找到動機來進行自我改革。再加上如果愈是長年在當地做生意，作風傾向就愈保守，對於持續地讓自己的店保持魅力這方面的努力，自然也會比較懈怠。

如果這時候附近又正好開了新的大型購物中心的話，那真的就會完全喪失和對方競爭的能力。

## 不要強迫顧客接受店家的想法

應該沒有人會故意去惹顧客討厭。

關於這一點，顧客應該也很清楚。但還是有顧客因為受不了店家單方面想要將自己的想法灌輸在顧客身上的做法而怒言相向，或暗暗決定下次絕對不要在到這家店來。

所以困難的地方就在於，雖然是同樣的商品和同樣的服務，有人可能這樣就會很滿足，但是也有人會因為這樣而發怒。比如說銀行的自動存提款機。

有人稱讚這樣的機器非常方便，但是也有人批評因為什麼工作都交給機器，所以當大家排著長龍在等機器服務的時候，銀行行員卻還是一副「與我何干」的表情而感到憤怒。由於每個客人所要求的服務水準不同，因此對同樣的服務所得到的滿足度也大不相同。

我就有一件怎麼也想不通的事情。那就是關於餐廳的沙拉醬料。

很多組合餐或漢堡都會附上生菜沙拉，通常都會有好幾種不同的沙拉醬可以供客人選擇，這倒還好；但是也有些是廚房就直接把固定的醬料淋上去。

我就很受不了那種沙拉醬的甜度。

就是因為想要吃生菜沙拉，所以才特別叫了，但是服務生（特別是到一些鄉下地方，經常是歐巴桑端來的時候，特別容易發生這種情形）端來的生菜沙拉，上面卻淋了那種粉紅色的可怕醬汁時，真的是讓人一口都吃不下，只想站起來走人。

這當然是個人喜好的問題。

不過為什麼我一定要皺著眉頭，吃下沾有我討厭的味道的沙拉呢？

那種餐廳當然我是絕對不會再去第二次。

但是因為我經常要往都市跑，所以有時候實在是沒有選擇的餘地。如果是這樣的話，我一定會在點菜的時候就先問清楚，沙拉配的到底是什麼醬料。這樣一件小事看起來好像沒什麼，但是實際上在我們的社會裡似乎到處充斥著這種例子。

是不是廚房裡的人就認定，顧客一定會喜歡這種味道的醬料呢？這樣的想法，結果是那家餐廳的確就喪失了像我這樣的一個顧客。

我當然也不會因為這樣的事情而向餐廳方面反應，所以餐廳方面也無從得知為什麼我不會再上門的理由，然後明天又繼續把同樣的醬料加在同樣的沙拉上。

或者也有可能廚房方面早就知道這種情形也說不一定。但或許這家店就是很堅持要用這樣的沙拉醬，認為這才能讓他們的沙拉味道更好。如果對這樣的搭配有意見的話，就不是我們要的客人。如果是這樣的話，我倒也可以理解。

不過總覺得被我列為拒絕往來戶的那家餐廳，不像是這種「因為堅持口味而寧願篩選客人」的感覺。

在我看來，他們不過是一家不管顧客的感覺，只是因為懶惰，所以多年來一直持續地在沙拉上淋上這種沙拉醬的餐廳。

## 顧客的眼睛是雪亮的

最近，因為景氣不好，所以一直有很多人反應，希望能提供更多一點可以讓生意興隆的點子。特別是地方性都市商店街的落差最為明顯，因此，有好一陣我都連日不停地南北奔波。

通常我在到一個地方演講的時候，會先提早兩三個小時到達，先在當地的商店街走走逛逛，實際地買些東西或用餐，觀察為什麼當地的商店街客人稀落。

比如在大冬天的時候到餐廳去吃飯。隨便瞄一眼牆上貼的菜單，就注意到牆上貼著的泛黃紙條上，寫著的是「新推出涼麵」。看那樣子，絕對不是半年前貼的。應該是已經貼了有好幾年的樣子。

像這樣每天持續在店裡做生意，卻還讓那樣的紙條就一直貼著的經營者，有可能會去注意到顧客的喜好、競爭對手的動向，或做任何可能提昇業績的努力嗎？

不過這些經營者卻會在生意不如從前的時候，就說「都是因為景氣不好」。

或者有些雜貨店。店裡看不到半個人，但是卻可以感覺到更裡面有人。問了好幾次「請問有人在嗎」，結果等了一陣之後，好不容易出來的老闆，嘴裡卻滿滿都是食物呢！

慢慢地很少在商店街聽到，像以前那種賣魚的老闆充滿精神的叫賣聲了。「太太妳好，今天的秋刀魚很漂亮喔，要不要來一條？」

相信很多人都有這樣的經驗，被這種叫賣聲吸引，結果不知不覺就買了東西。

但是現在二十幾歲的年輕太太，因為都已經習慣在超市自己選購的那種購買方式，所以慢慢反而有很多人對於舊式魚店的那種氣氛覺得很難接受。

這也難怪，因為從小上餐廳吃飯或吃速食，習慣在便利商店購物的年輕世代，現在已經變成家庭主婦。所以如果周邊的商店再不意識到這一點的話，和這些消費者之間就會產生鴻溝。

這些年輕的家庭主婦們認為，賣魚的為什麼不穿制服呢？現在這樣不是很難看嗎？腳上套著塑膠長靴，頭上纏著頭巾，腰上綁著腰帶，然後就一件圓領內衣，更誇張的還配個寬鬆的半短褲。

為什麼這些人會這副打扮出現在年輕女性面前呢？

現在的顧客可能覺得難看，只有店家自己還認為這種裝扮感覺很「威猛」。

十年以前可能還廣為大家所接受的這種魚店風格，對現在的年輕客層來說，卻只是讓他們皺緊眉頭加快腳步而已。才不想跟這種看起來不整齊又不清潔，髒兮兮的人買魚呢！

如果被這樣認為的話，那就沒有辦法了。

親自到這些年輕主婦會去買魚的地方看看，百貨公司裡賣魚的專門店，服務員穿白襯衫打領帶在賣魚，賣肉的地方的工作人員則是還戴著個綠色的小圓帽。

商店街的魚店老闆，或許會去注意百貨公司賣的魚的鮮度和價格，但是這些老闆顯然並沒有注意到，販賣員的服裝，也是影響年輕主婦們選擇是否購買的要件之一。

接著要看的是蔬果店。

看起來非常有朝氣的店員正在用報紙把菠菜包起來。

咦，怎麼嘴上叼著根煙……。

到蔬果店買東西的客人有九成是女性。雖然最近女性吸煙者是有增加，但是還是有許多女性對煙不抱有好感。在服務業當中一邊抽煙一邊做生意的，大概也只有像這種個人商店才會有這種情形。

就算顧客臉上露出不悅的表情，但是這位老兄還是一樣沒注意到，或者因為是個人商店，所以也不會有人出來制止他的這種行為。

當我在和商店街的店主們聊天的時候，經常會提到關於「麥當勞」的服務。

「歡迎光臨，要不要來份薯條。麻煩一杯可樂，謝謝」

有很多人覺得這樣的服務太做作，會讓人覺得很不舒服。

他們認為這種完全依照同一種範本所規範出來的，如出一轍的服務讓人非常受不了。

但是我卻有不同的想法。

對於提出這樣意見的人，到底在他們自己的店裡，能夠有比「麥當勞」更好的服務嗎？

他們在既沒有一套服務標準，也無從得知顧客的想法，更沒有接受過任何訓練的情況下，不是也就這樣認為自己的方式就是好的，而一直持續經營下來。

當然我並不認為完全依照標準流程的服務就是好的。

當固定的話語已經變成台詞一樣，根本不是從心裡發出來，完全不用腦筋就可以做出這樣的服務的時候更是另當別論。

但是我認為有規範有標準的服務至少是最低標準。

實際上連最低標準的東西都沒有明文規定出來，只是以自己土法煉鋼的方法在經營的店舖仍不在少數，這是我每天親身體驗到的事實。

## 站在顧客的角度出發的蔬果店

有一位在琦玉縣大宮市經營蔬果店的飯島則生先生，原本有四家店面，但是當他的四家店中有三家都倒了的時候，他終於意識到如果再這樣下去真的會全盤皆輸，於是開始思考應該要如何改革。

滿滿一籃的芋頭比較便宜喔，這是以往慣用的販賣方法；但是當他考慮到其實在大宮市這一帶，平均每戶人口在四個人以下的小家庭愈來愈多，那到底還有多少家庭真的需要一次買這麼多芋頭呢？即使買的時候價格比較便宜，但是如果最後還是吃不完，放到壞掉或需要丟掉的時候，結果不是反而更貴更浪費！

此外他還發現以前賣芋頭的時候都是沾著泥巴，就這樣交給客人；但是現在有很多家庭主婦都有在打工，所以穿得漂漂亮亮地在回家途中來買菜的主婦也愈來愈多，所以一定也有人會擔心這樣的東西或許會弄髒衣服。

飯島先生接著還到自己店隔壁的超市，去仔細觀察了一下。

重新站在客人的角度來觀察競爭對手的店鋪時，飯島先生發現競爭對手的店面的確比自己的店要來得明亮、更容易挑選，買起來也更方便。然後當他想到客人會將這家店和自己的店放在一起做比較的時候，他就清楚地知道，如果再這樣下去自己真的絕對沒有勝算。

於是飯島先生開始重建他的店面。

主要的條件就是要明亮、容易挑選商品，同時要方便購買。

首先把照明的光源從光禿禿的電燈泡改成展示用的螢光燈，牆壁上還加裝了鏡子讓光線更能反射。

在商品的陳列方面也開始注意到顏色的搭配，紅色的番茄旁邊放的是綠色的黃瓜，接著則是黃色的檸檬。

在商品說明的標示牌上，也採用黃、紅、綠這種紅綠燈式的配色，寫得大一點，漂亮一點，讓它看起來更清楚顯眼。店面入口處，也不像以前那樣堆了一堆商品，看起來亂七八糟，而且又不醒目。相反的，他現在改成把最新鮮的當季水果，選一樣出來大量地擺在門口，這樣不但比較能引起客人的注意，也能讓客人知道這是該店的推薦商品。

同時還在店裡播放輕快的背景音樂，同時把一些很有精神的叫賣聲也做成錄音帶和背景音樂搭配著使用。

另外因為考慮到那些已經習慣在超市購物的主婦，因此特別在賣場準備了提籃，把結帳的方式也改為像超市一樣的集中櫃檯結帳。以前在店面做的一些蔬果的去皮以及裝盒作業，也因為考慮到賣場的清潔，所以全部改到後院進行。

經過這樣的努力之後，「飯島蔬果」一天的營業額居然可以超過一百萬日幣，可以說是大大地受歡迎。

從像這樣的一個例子當中可以學到很多教訓。

第一個就是，從顧客的角度來審視自己的生意是一件很重要的事。自己認為很好而持續經營的生意，對顧客來說卻不一定是這樣。不過要能夠體認到這一點，確實是不容易。

再來就是可以盡量多跟大型店面學習。

對於大型店鋪，應該不只是把它當作對手而敵視，對於應該向人家學習或看齊的事情，就要採去虛心學習的態度。因為對於顧客來說，不可能有人只光顧個人商店而完全不去其他商店，所以在顧客的心裡，一定也會將個人商店和大型商店放在一起做比較。所以不要認為因為規模相差太大，所以對方做的東西就不值得自己參考。而應該從顧客的角度出發，仔細地去檢驗對方的做法。

經營者是不是應該了解，顧客所考慮的不是店鋪的規模，而是回歸到哪家店比較明亮、比較方便挑選、買起來比較方便的這種最基本的條件而已。

## 顧客會注意到店家傲慢的態度

還要再繼續談談關於個人商店的問題。

沒有從顧客的角度出發來想事情，其實像這種情況不只是發生在個人商店而已。消費者對於很多大型店舖或連鎖店，甚至大眾運輸業或飯店等服務業，都會有很多抱怨，這是很正常的。

如果消費者願意反應這種不滿，那情況還不算太壞。但是大部分的人幾乎都是什麼都不說，直接選擇下次再也不上門。因為在開放經濟的環境下，其他可以替代自己的競爭對手還有很多。所以，最好不要認為，還會有可以忍住不滿的情緒，而且持續上門的這種消費者。

提到美國的百貨公司「NORDSTROM」，大家都知道他們向來以徹底的客戶服務而稱著。但是在他們的經營團隊當中有一位貝西•桑德斯，就曾經在她的著作《當服務變成一種傳說》一書當中，提到了下面的這段話。

「在不滿的顧客當中，會提出抱怨的不會超過百分之四。百分之九十六的人都是在產生不滿的情緒之後，就再也不會來了。當出現一次抱怨的時候，其他平均大概有二十六位顧客會有同樣的不滿。而會提出抱怨的客戶當中的百分之五十六到百分之七十，當問題有得到圓滿的解決的時，會願意繼續和這家公司來往。當解決問題的速度更快的時候，這個百分比可能會上升到百分之九十六，並且這位顧客會將這樣的經驗再告訴其他五至六人。」

所以正是所謂，商場上的敵人不是別人而是自己。

不過我認為，就算顧客有相當多的不滿，但只要一項一項地去解決這些情況，營業額應該也會有所提昇才對。

根據日本零售業協會所舉辦的一項「關於購物的問卷調查」結果當中顯示，顧客對於百貨公司方面最大的不滿就是服務態度。

雖然相關的業者經常強調，服務才是百貨業的基本，但是當顧客對於服務態度還是懷抱著相當大的不滿時，那就表示這已經是一個足以關係這個業種存亡的重要問題。

很多人對百貨公司的店員的指責都是，經常會亦步亦趨地跟在旁邊，推薦一些客人根本不想要的商品，再不就是當客人真的有什麼問題要詢問的時候，店員又缺乏專業知識。

為什麼會有像這樣的不滿呢？

某個有在百貨公司販賣禮服的廠商就這樣表示：「像這種正式的服裝，因為基本上銷售的機會本來就比較少，客人也比較少是為了買這樣東西專門跑來。所以在同一個賣場的幾家廠商的店員，通常當有客人來的時候，大部分都會依照不同的公司的順序，一個一個地來接待客人。當然每家公司的店員都會推薦自家公司的產品，這已經是一種為了要製造公平的銷售機會所定下來的不成文規矩。」

亦步亦趨地跟隨在側、被推銷不想要的商品等等的這些不滿，或許就是因為賣方的這種「規矩」而引起。

同樣的規矩，只要是在由各廠商所派遣的店員進行販賣的，比如領帶賣場等其他的賣場也一樣看得到。

甚至連我自己也有這樣的經驗，因為受不了這種銷售方式而向百貨公司提出抱怨。

有一次當我要買東西送給朋友的時候，我指定要買自己很喜歡的一個A品牌的多功能筆，這是一隻將兩種顏色的原子筆和自動鉛筆合在一起的多功能筆。到東京澀谷某家百貨公司買的時候，差不多是中午用餐時間，剛好是賣場的服務人員要輪流去用餐休息、比較空檔的時間。我叫住店員，告訴她說：「我要買陳列在櫃子裡的A品牌產品」，她卻推薦我說別的商品比較好喔，然後把別的商品拿出來給我看。

其實店員拿出來的商品，價錢比我要買的還要便宜。

當時我就覺得，這種對於指定要買高價商品的客人，還會拿出比較低價的商品來推薦的做法，事實上是不大恰當。

因為我經常有機會採訪這家百貨公司，甚至還曾經擔任過內部人員的講師，所以對情況稍微比較了解。果不其然，當我抬頭看到這位小姐的名牌的時候，就知道她不是屬於百貨公司的職員，而是廠商那邊請的銷售員。

原來是這麼一回事。

不過反正當我表示我還是要買A品牌的那樣產品的時候，那位小姐不發一語地就開始包裝商品。儘管我先前已經表示這是要送人用的生日禮物，她也沒有問我要不要加緞帶。更讓人受不了的是接下來發生的事。那位小姐居然也沒有把商品交給我，一聲不吭地就把包好的東西放在櫃檯上。

連謝謝光臨也不說一句，找完錢之後就走開了。

離開那個賣場之後，我剛好在樓梯附近碰到一位手臂上別著「顧客服務專員」臂章，稍微有點年紀的男性服務員。於是我就嚴重地向他申訴剛才發生的情形。

他告訴我「請您稍等一下」之後，讓我等了一會兒。他把那樣東西重新包裝之後再加上緞帶，親手交給我然後跟我低身道歉。

他說：「非常不好意思，因為對方是廠商方面派來的店員。」

但是我卻覺得相當不能理解。

一般像我們這些顧客在百貨公司的賣場裡所碰到的銷售員，大概有一半以上都是廠商派遣過來的店員。

百貨公司一方面把賣場交給這些店員，一方面當發生問題的時候又說「因為是派遣店員，所以……」，在我看來，這的確是蠻不合理的。

既然這樣的話，不如乾脆不要繼續這種一對一的販賣方式，改用像超市或便利商店那種自助式的服務，可能反而不會引起這許多不必要的抱怨，不知道各位以為如何。

## 滿足顧客的購買慾

對顧客來說，如果說什麼樣的購物經驗會讓人躁鬱發怒，應該就是特地為了買某樣商品而跑到店裡，但是結果卻買不到這樣商品的時候吧！

雖然很多大型的店鋪都一再地宣傳他們的賣場面積有十萬平方公尺等等，但是對消費者來說，那麼大型的店逛起來只會讓人感到疲倦，對消費者而言，只要有販賣他想要的那種商品的商店，就是好的店。

就算有數十種的商品並列在面前，如果沒辦法讓顧客找到適合自己尺寸的商品，那這就是一家不好的店。

所以店鋪最忌諱的就是缺貨。

對於特別有了想要購買的意願，而大老遠跑來的客人，竟然就這樣讓他們空手而回，而且身心都被失望和疲勞佔據。這樣的情形對於一家店舖來說，不只是喪失了當天的營業額，而是讓這位顧客產生「這家店不行」的評價，甚至有可能從此以後就再也不上門了。

不過也不可能因此就保留大批的存貨，只為了隨時滿足所有客人的需求，這就是最困難的地方。所以要能夠找出顧客想要的商品，然後隨時確保此項商品的庫存量。

全球最大的零售業者「沃馬特」的創辦者山姆•沃爾頓就曾經說過：「零售業其實就是庫存管理業」，這果然是一句至理名言。

而且因為認為以人來管理庫存，不如用電腦來得精確，所以POS（銷售時點情報）系統才會愈來愈普及。

只要在結帳的時候掃描一下商品的標號，就可以知道什麼東西是在什麼時候被賣出去。特別是便利商店的發展，在全面導入此種系統之後，可以說是往前跨了一大步。一般一家便利商店裡販賣的商品種類平均都在三千種左右，這樣多的商品種類，如果其他一般店面也照著這樣做的話，可能需要有比賣場大三倍的面積來做囤積庫存的倉庫。

所以那些大型連鎖店，在幾乎可以說是完全沒有倉庫的情況下，居然可以讓底下八千家加盟店一天營業二十四小時，這些都要歸功於這個POS（銷售時點情報）系統。

但是，還是會有問題。

在先前也提到過的日本零售業協會的一項「關於購物的問卷調查」的結果也顯示，一般顧客對於便利商店最大的不滿就是他們販賣的商品。

以我來說好了，在我住家和公司附近當然都有便利商店，再加上我經常在市區，或甚至有時候到地方上出差的時候，大概每天都會在不同的時段造訪好幾家便利商店。我就發現很多店裡，放飯糰、便當、三明治的貨架上經常都是空的。

如果是因為賣得太好了來不及補貨的話，那可能還算得上是壞消息中的好消息。但是對於消費者來說，便利商店應該就是隨時都可以買得到想要的東西才對，如果做不到這一點的話，當然消費者可能就會產生不滿。顧客是很任性的，在以前沒有便利商店的時代，半夜裡沒有東西吃是一件理所當然的事情；但是當他們一旦習慣有了便利商店之後的方便，這樣的服務就變成「理所當然」了。

隨著慾望的進化，想要滿足那些慾望就必須比以前更努力。

也就是說，如果你現在提供的還是跟十年前一樣的服務，雖然在十年前顧客可能對於這樣的服務就很滿足，但是現在同樣的服務很可能已經完全不適用了。

## 電腦化的迷思

另外還有一個問題。

那就是不管電腦系統有多麼完備、多麼精確，但還是不可能藉此就完全掌握顧客的想法。

比如說，當你從電腦報表中看到鮭魚飯糰賣得很好。但是卻不知道，或許消費者原本是想買梅子飯糰，但可能梅子飯糰已經賣完了，或也有可能是雖然還有梅子飯糰，但卻是已經快過期的梅子飯糰，所以消費者才不得不選擇鮭魚飯糰。

不過因為從電腦報表上只看到鮭魚飯糰賣得好的這個事實，或者因為這個原因就認為鮭魚飯糰是最受歡迎的商品，結果進了更多鮭魚飯糰也不一定。

所以找不到任何資訊可以顯示，其實真正應該多進一點的或許是梅子飯糰。

此外，這種系統對於一開始就不存在的商品，就無法發覺它潛在的需要。

全國的便利商店總數約有五萬家。每年新開的店約在三千家左右，但是每年關閉的店也有一千五百家。便利商店已經進入像這樣的一個開始淘汰的時代，不是每一家便利商店的生意都很好。

就算店依然開著，但是因為找不到人或競爭激烈而轉手的店面也不在少數。

從大型的連鎖店那裡也聽到不少像這樣的消息，同樣一家便利商店，原本一天的營業額是五十萬日幣，有的在轉手經營之後一天的營業額可以達到八十萬日幣，但是也有的再轉手經營之後卻變成一天四十萬日幣。

這也就表示，即便是同樣的營業地點、同樣的看板、甚至同樣的宣傳，光是不同的經營者就可以讓營業額出現幾乎兩倍的成長。

這更表示，經營生意是否成功，事實上和景氣好壞、規模大小、地理條件好不好都沒有關係，成功與否其實是由其他的因素所主導。

那到底什麼樣的便利商店才會成功呢？

在我認為，掌握便利商店成功的關鍵，應該不是在平常生意繁忙的時間點，而是在深夜或大清早這種比較閒散的時間點。

當然，像那種連在中午需要排隊結帳的用餐時間，都沒有足夠的便當，就白白讓販賣機會逃走的店，就另當別論了。

如果是客人不斷湧入的繁忙時段，哪一家店都是忙著在打收銀機，其實彼此之間不會有太大的差別。

這樣講起來，其實便利商店的運作和稻米的收穫倒有點相似。

稻米收穫量（就好比營業額）的差異，其實問題不在於農忙的收割期，而是要看在這之前的鬆土、插秧等準備動作是否做得確實而定。

幾乎看不到客人的深夜時段，打工的店員是站在櫃檯聊天還是在認真地打掃、盤點，這才是決定便利商店成敗的關鍵。

每個打工的店員應該都要用自己的雙眼掌握暢銷商品，然後熟記每一項商品。藉著實際動手去補貨的這個動作，把缺貨這種情形防範於未然，進一步地實際把握每個客人的購物情形。

像這樣「做功課」，當然不可能在忙得來不及打收銀機的時段進行。最重要的就是要從顧客的角度，來確認、思考關於貨架上的各種商品。所以找認為，只要能在顧客稀少的時段確實「做功課」的便利商店，才會有好的業績。

儘管所有的加盟店都有使用POS（銷售時點情報）系統，但是營業額卻可以有這麼大的差距，就是因為有些店能做到儘早掌握顧客動向、或找出顧客潛在需要。所以最後我們終於了解，最重要的還是實際在店裡操作的人的問題。

以「7-11」為例，暢銷商品當中有七成都是新商品，其中又以便利商店最主力的外帶食品所佔的比例最高，外帶食品的營業額當中有八成都是新商品。

由此我們可以知道，賣方也必須不斷地求新求變，開發新產品才行。

資訊化的系統固然是經營上不可或缺的存在，但是再怎麼樣，那些都還只是協助經營的材料。如果實際操作的人，無法持續地從顧客的角度來看事情，那麼不管是什麼樣的生意，應該都不大可能會有好的發展。

# 第四章　何謂「顧客滿意度經營」

## 「不景氣」是指標嗎？

如前章所述，顧客對於店家抱有許多的不滿。所以，我一直主張，只要能儘早克服這一點，這反而會是絕佳的生意機會。

在這一章裡，我就要來談談到底實際上「從客人的角度思考」指的是什麼。藉著介紹實際的經營實例來讓大家思考什麼是所謂的「顧客滿意度經營」。

「不景氣？完全沒有影響耶！」

在全國有兩千一百個，黃色的看板上寫著黑字的「TIMES」，停車十分鐘收費一百日圓的投幣式停車場，「PARK 24」的西川清社長這樣表示：「景氣好的時候大家都把車停在路邊，就算被拖吊也還付得出罰款；現在時代不一樣了，所以會利用這種類似像計時收費的方式，停車十分鐘收費一百日圓停車場的人也愈來愈多。」

「PARK 24」的股票上市的時候，當證券公司的人問道「貴公司是經營停車場，所以是不是要登記為不動產業？」時，據說西川社長的回答是「哪裡，我們是服務業」。

從這裡就可以看出西川社長在經營方面的精髓。

和以往都不大歡迎的包月停車場不同，「PARK 24」的經營就是建立在「從客人的角度來行銷」的這個想法上。

駕駛人在開車的時候，必須要一邊注意交通號誌和標誌一邊開車，所以「TIMES」在全國都使用同樣的看板來提高知名度和認同感，這應該就是「從顧客的角度去思考」的第一步。

如果再鑽研下去，其實基本上停車十分鐘收費一百圓的這種系統本身，就是一種「從顧客的角度去思考」的延長而已。

雖然到目前為止也有很多計時的停車場，但是幾乎都是一個小時五百圓這種，以小時為計費單位停車場。

再仔細觀察，可能會發現有很多駕駛都是用小跑步跑回停車場。

因為如果不趕快把車子開走，只要超過一分鐘，停車費馬上就會從五百變成一千。這就好像坐計程車回家，剛好已經到家門口的時候，表又跳了一下那種不好的感覺。由於西川社長本身也有這種經驗，所以他認為別人一定也會有這樣的不滿。

所以他想到，如果把停車計時的最小單位改成以每十分鐘來計時，這樣應該就可以把客人的不滿也減低到最小的範圍。

果然是以「顧客滿意度經營」為原點的想法。

「PARK 24」的發展隨著泡沫經濟的崩壞而更加速。

利用很多在建築物和建築物之間，已經整好地但還沒有確定用途的狹小空間，一個接一個地設立投幣式停車場。並且因為使用的面積本身非常狹小，所以每個停車場可以容納的車數，幾乎都在五台到十台左右。

這樣小型的規模，當然不可能一個一個請管理員，再加上所使用的土地也可能隨時要恢復原來的計劃，到時候停車場就必須又要遷移，所以在停車場的設備方面也不能太豪華。基本上就是只要車子的後輪壓過金屬板之後，車子就會被往上移動，然後要離開停車場的時候，要投入硬幣才會恢復原來的位置。因為採用的這種方式，所以使用者必須要準備足夠的一百圓日幣零錢。

「又沒有管理員，要是零錢不夠的時候沒有得換錢怎麼辦？」這是第一個讓西川社長困擾的問題。

但是這樣的問題，應該從顧客的角度去思考之後，就可以開闢出一條活路。

結果居然是，在每個停車場的入口放置飲料的自動販賣機！

當社長在思考，顧客在零錢不夠的時候會怎麼做，於是就想到，應該就會利用可以找零錢的自動販賣機吧。

當「PARK 24」成功之後，也有很多強力的對手競相加入這個行業，但是西川社長強調，「PARK 24」因為對於其他像機器的維護管理，以及停車場的清掃等等非常細部的服務也做得非常徹底，藉著這些服務來提高顧客的滿意度，這也才是「PARK 24」之所以能在同業中勝出的最重要關鍵。

開始經營這樣的事業，不是為了要活用不動產，而是認為「只要建立對顧客來說是方便好用的停車系統，那就一定能賺錢」。從「PARK 24」這種以「顧客滿意度經營」的想法出發的「便利商店式停車場」案例中不難看出，今後不管是任何一個行業，以「顧客滿意度經營」為出發，都是絕對必要的條件。

## 讓顧客更舒適更愉快

自動收票口的普及，已經到了讓人驚嘆的程度。

不光只是平常上班搭的電車，最近連新幹線的收票口，都將全面引進自動化設備；但是如果搭乘的是「JR」（譯註：JR為舊有『日本國鐵』更名為『日本鐵道』後的簡稱），有時候就算手上有票，但是只要鈴聲一響，被卡在入口進不了車站的情況還是經常發生。

相信很多人都有過這樣的經驗。這樣的經驗實在不怎麼愉快。又不是因為自己做錯了什麼，為什麼在鈴聲響起的那一剎那（因為當車票不合規定而無法通過自動收票口時，機器會發出警示鈴聲），必須要忍受周圍人群投過來的異樣眼光。

另外，如果需要排隊進站的時候，也經常造成後面的人動彈不得，被人家施以白眼。連車站的工作人員碰到這種情形，也常常就是一句「從旁邊的工作人員通道經過就好啦！」看這樣子，他們對於自己對顧客所造成的不便，絲毫不覺得有任何不妥。

到底為什麼不開放自動收票口呢？

以下是幾種可能碰到的狀況？

第一，如果車票是在旅行社所購買的，那麼因為車票的背面並沒有附上磁條，所以無法通過自動收票口。另外如果車票是長方形的，而不是像定期票那種四方形的話，也無法通過自動收票口。

但是客人在買票的時候，恐怕沒有人會特別指定要買「長方形的車票」。所以車站方面自己先販賣這樣的長方形車票，然後當客人因此而無法通過自動收票口的時候，處理的態度又是「那就從有人剪票的票口進去就好了啊」。甚至連車站的工作人員本身，都沒有真正進入狀況。

我在JR名古屋車站的新幹線入口拿著長方形的車票，正要通過剪票口的時候，被卡在自動收票口前面動彈不得，當我向車站的工作人員抗議說「為什麼要賣這種沒辦法通過自動收票口的車票呢？」的時候，車站的工作人員居然回答：「先生，你那車票是在JR東日本買的啊」（譯註：簡稱JR的日本鐵道，依所在的地區不同而分為許多不同的公司），告訴我因為車票是在東京買的所以不行。這是一種對事實的錯誤認知，實際上不管是在哪裡的「JR」買的票，只要是長方形的票就無法通過自動收票口。

在大力宣傳「因為有自動收票口才能提昇客人進站的速度」之前，真正應該加快腳步處理的，或許是必須先統一有太多例外的車票規格才對。

另外像在京都車站這種，「JR西日本」和「JR東海」各有不同進出口的地方，因為這種出口的分隔，而使得客人和目的地之間的距離愈來愈遙遠。如果半途要在京都下車的話，手上握有的車票就無法通過「JR西日本」的自動收票口，而必須要從「JR東海」的出口才出得去（此為一九九八年秋天的情形）。

因為出口的不同而使顧客必須在鈴聲大作的情況下，忍受大眾的白眼；而且還必須繞道，不能順利地從最近的出口出車站。

對顧客做出這種不合理的要求，這種所作所為稱得上是服務業嗎？

這只是其中的一個例子。在我擔任「JR東日本」的員工進修講師時，我曾經嚴厲地舉出許多其他的例子，讓他們了解到，自己所做的服務是不是真的有對顧客的尊重。

比如說當火車誤點等時候所播放的廣播訊息，也非常地不恰當。

另外像在賣對號票時的偏差，使得客人都集中在某一個車廂，其他車廂則都冷冷清清的情形，為什麼從來沒有人提出疑問？

雖然新幹線和特快車的車票都已經可以從自動販賣機購買，但是實際上因為顧客在選擇車廂時候的感覺，和機器的畫面顯示之間還是有很大的不同；結果是利用自動販賣機買票的人數還是很少，所以賣票的窗口大排長龍的情形和以前一樣沒有改善。

從「國鐵」改制成為「JR」已經十多年，雖然有人說比起以前的國鐵，現在的JR已經好太多了。但是在使顧客滿足這方面的努力顯然還不夠。當我在課堂上做出這樣的表示時，希望能盡快晉身管理階級的JR職員，臉上露出認真的表情。

在上課的研究室裡，可以看到斗大的「安全正確」字樣，這是從國鐵時代就一直流傳下來的「社訓」。

的確，「安全正確」可以說是運輸業的基礎，它的重要性絕對無庸置疑。換句話來說，做到「安全正確」其實應該是理所當然，如果鐵路公司連這樣的要求都沒有辦法做到的話，那從一開始根本就該被歸到問題之外。

在有了「安全正確」的基本條件之後，還要能夠和其他的運輸業競爭而且勝過其他業者的話，就一定要繼續追求「舒適」才有可能。

對於鋪設鐵道，讓火車在上面行走的鐵路業者來說；對於硬體設備的要求通常都是走在最前面。但是在今後的競爭當中，硬體上所搭載的軟體，才是真正主宰消費者對服務業評價的關鍵。

這是一個鐵路業者也必須要「從客人的角度去思考」的時代。

從國鐵改制民營化到現在已經過了十多年，「JR」集團下的各個公司彼此之間在作風上也出現了微妙的差異。

其中我認為獲得最高的顧客滿意度的，應該是「JR九州」。

國鐵剛改制民營化的時候，在經營方面最讓大家擔心的就是北海道、四國、九州，也就是所謂的三島鐵路公司。當然本身在經營基礎上比較弱的這個事實，現在還是依然存在。但是「JR九州」卻在這樣的環境下，極力地思考要如何和巴士、自用轎車、甚至九州島內的航空體系對抗，為了要使乘客數目增加，而展開一場激烈的服務競爭。

「JR九州」首先增加往返主要都市間的列車班次，希望能擴大往返博多、小倉、熊本等主要都市的上班族和購物客層。另一方面，「JR九州」也新增加了許多有著嶄新設計的特快車如「豪斯登堡號」、「由布院之森號」、「蘇尼克號」等，這些火車也都成為相當受歡迎的列車。

另外在「蘇尼克號」以及「燕子號」列車上，還安排了女性的服務員來徹底執行許多無微不至的服務。

在夏天即將結束的某一天，我從博多搭乘「蘇尼克號」出發前往大分。

在車內聽到的廣播訊息讓我大吃一驚。

車內的廣播是這樣的：「非常感謝您今天搭乘本列車，今天正是農曆上二十四節氣的『處暑』，夏天的酷暑雖然應該已經到一個段落，但是最近的天氣還是蠻炎熱。不知道您今天感覺如何。在這個最容易感受到夏季疲累的時期，還請多注意身體，祝您有個愉快的一天。我們的服務人員馬上就會帶著可以幫助您在早上提神的熱咖啡、以及含有豐富蔬菜的三明治、刊載今天早上最新資訊的早報前往您的座位，如果有這方面的需要，請隨時告訴我們的服務人員。」

這真是會讓人不由自主地，想要買些什麼的車內廣播。

事實上，這件事情還有下文。

四個月之後，當我再度從大分搭乘「蘇尼克號」出發前往博多的時候。

「各位旅客早安，昨天是冬至，不知道您是不是有品嚐到南瓜呢。今年很快就要結束，我們誠心祝福您在一年的最後，保持身體健康作最後的出擊。像這樣寒冷的早上，吃點熱呼呼的早餐是最棒的了，今天我們為您準備了熱稀飯……」

這樣的廣播持續在車內播放。

這真是教人佩服，於是我詢問車廂內的服務員有關車內廣播的細節。

根據女服務員表示，一班列車上共有兩位女服務員。這兩位都是以一年為單位的約聘人員。關於車內的廣播內容，雖然有基本的雛形，但是服務員每天都會考慮到當天乘客實際搭乘時的心情，來做出不一樣的內容。

我認為這是非常了不起的一件事。

從這件小事當中就可以看出，「JR九州」在弱勢的經營基礎上拼命開拓新客戶的精神，可以從社長貫徹到最末端的約聘人員。我認為這是很了不起的一件事。

在過去還是「國鐵」的時代，大家可能會想到要有一百圓的利潤要花多少成本；但是對於「今天搭車的客人們會是怎麼樣的心情」這樣的問題，不知道有多少人會去關心。

「掌握顧客的情緒」是服務業的基本。

就算提供同樣的服務，每位顧客所感受到的也都各不相同，所以更需要多努力去掌握顧客細微的情緒變化。「JR九州」蘇尼克號上的女服務員在「從顧客的角度去思考」這一方面，應該算是合格的。

「JR九州」的另外一個特快車——「燕子號」上，由於這種列車在票價定位方面比其他公司要便宜，因此對號車廂內的乘客也特別多。在車上，我親眼看到女服務員替在車內打盹的乘客蓋上毛毯。

對號車廂內還提供毛巾、果汁、糖果等，甚至還有聽音樂專用的耳機，這些東西甚至還可以讓客人帶回去。

其他公司的新幹線或許可能也有提供音樂或錄影帶的播放服務，但是最重要的耳機卻需要自行攜帶或另外購買。所以雖然提供這樣的服務本身是一個很好的構想，但是實際上會去使用的人卻是少之又少。所以就算硬體再怎麼充實，如果沒有站在客人的立場著想，所謂的服務也只是半調子的服務而已，這就是最好的例子。「JR九州」的財務狀況比其他同樣經營新幹線的業者更緊縮，但是卻能提供對號車票價降價，以及免費提供耳機這樣的服務。「JR九州」和其他業者在服務上居然可以有這樣大的差異，的確讓人感到訝異。

「安全正確」已經是理所當然，接下來應該要考慮的是如何讓顧客更舒適更愉快。

不懂得「從顧客的角度思考」的服務業必將遭到淘汰，從事服務業者應該要有這樣的覺悟。

## 全世界最好的旅館服務

在飯店的餐廳裡點葡萄酒，服務人員居然說：「就像您三年前在地中海餐廳喝的時候同樣的溫度可以嗎？」

在我聽說像這樣的反應，就是麗緻卡爾頓飯店（THE RITZ CALTON HOTEL）服務的精髓之後，我實際前往這家服務水準被評為世界第一的飯店投宿。

一九九七年於大阪梅田開幕的麗緻卡爾頓飯店，飯店內的餐廳每到午餐時間就一定客滿，餐廳裡都是些當地的貴夫人們在享受午餐。

我所住的客房面積有五十二平方公尺，感覺上幾乎是一個小的公寓房間。

雖然不問也知道是真的，但是我還是忍不住問了行李員，「這真的只是單人房喔？」因為房間裡放的是最大的雙人床，枕頭也有三個。

其他的設備還有沙發、分開來的浴室和廁所、衣櫥等等，另外飯店也準備了備用的雨傘、讓客人消磨時間的雜誌，另外只要把鞋子放到籃子裡拿到房間門口，就可以享受專人擦鞋的服務，的確是非常無微不至。

不過更讓我感到驚訝的是，居然還發生了下面所說的事。

我把電話鬧鈴的時間預約在七點半，不過因為太興奮的關係，所以提早醒來；然後一等到餐廳開門就迫不及待地下去吃早餐。

等到享受完自助式的早餐，肚子飽飽地悠悠閒閒走回房間的時候，赫然看見房門前站著一位服務員。

我詢問他有什麼事，他居然回答「因為您沒有接聽電話鬧鈴，我是來確認一下您是不是因為身體不舒服或是……」。

如果是商務客人沒有接聽電話鬧鈴的話，可能會因此而錯過重要的會議。所以櫃檯在連續又打了幾通電話上來，但是房間都沒有人回應的情況下，特別派人上來看一下情況。

這時候我才恍然大悟，原來這就是被稱為「世界第一的服務水準」。

當然豪華的客房和內裝設備，的確可以某種程度地滿足客人的需求；但是那種無微不至，無所不在的細心服務的心意，是否有確實傳達給客人知道，應該才是最重要的。

從昨天晚上住進來到今天退房，這家飯店所提供的並不是對客人亦步亦趨式的過度服務。相信有不少人對於噓寒問暖式的過度服務，反而會覺得不舒服。但是當客人對電話鬧鈴沒有反應的時候，卻會確實地做出該有的回應，我想這就是他們無微不至的服務。

從這個案例之中我們可以了解，其實要做到所謂「從顧客的角度出發」，真止需要的是不過是「有心」而已。

## 出人意料的服務創造死忠客戶

這不過是幾天前才發生的事。我在外面旅行的時候，碰到了一件讓我很困擾的事情。我穿的雙排扣西裝，上面的扣子居然掉了一顆，而且找不到掉到哪裡去了。

我因為工作的關係，必須要在很多人面前講課，所以那天也是來到了群馬縣的高崎市，但是因為那件西裝是國外的品牌，所以扣子上還有品牌的縮寫，找了半天結果都找不到同樣的東西可以代替。

我從住的飯店裡打了幾通電話到百貨公司，但是沒有一家有這個品牌的專櫃，當然也都沒有這個品牌的西裝。

當我在已經認為無法可想的時候，忽然又閃過一個念頭，於是我又再一次打電話到先前曾經打過電話去詢問的「高島屋百貨高崎分店」，把事情敘述給他們聽之後，他們說「無論如何請您先過來一趟」。

我心想，既然他們這麼說，我也就不抱什麼期望，真的不行的話就只好再買一套新的，於是就出發了。

我到了百貨公司之後，被帶到快速訂做的樓層。

有位男性的店員拿著我的西裝外套進去，讓我在那裡等了十分鐘左右。

「很抱歉讓您久等了，我們找到一個和您的西裝品牌的鈕扣很相近的扣子，先幫您縫上，這樣您今天就可以先穿這套應急。」

交到我手中的西裝外套上面，果然縫上了一個，乍看之下幾乎分不出來，和原本的鈕扣非常類似的扣子。

雖然只是個小小的鈕扣，但是沒有它就是不行。

像我們這種要面對大眾的行業，儘管掉的只是西裝外套上的一個鈕扣，但是還是會覺得非常地不好意思。

所以當時我甚至已經想說，如果真的不行的話，就算要再買一套也沒辦法。

而且他們不但不收鈕扣錢，也不收服務費。

從此之後，我當然絕對會是這家店的死忠客戶。

就像先前也曾經提到過的，貝西•桑德斯小姐所說的一樣，這件事發生之後，我不但打了電話到東京高島屋的公關室，透過電話讓他們知道當時我有多高興，而且還把這件事告訴很多我的朋友。

雖然當天百貨公司並沒有因此而賺到錢，就實際的狀況來看，以後我也不大可能經常買到高崎的百貨公司去買東西，但是如果當我需要在東京的許多百貨公司當中，挑選一家來購物的時候，這次的經驗可能就會是我選擇百貨公司時的一個重點。

講到做生意，把好的商品便宜地賣出固然很重要，但是我認為，用這種心情來讓顧客和店家連成一線，應該才是最重要的事。

## 醫院也要求「顧客滿意度」

衛生署方面雖然從很久以前就開始表態認為「醫療是一種服務業」，但是就像其他服務業一樣，這種服務業的內容也是靠人來執行，所以事實上是，並不是所有的人都會對醫院的服務感到滿足。

但是隨著醫師過剩時代的來臨，醫院的經營也面臨到前所未有的困境。對於醫院來說，追求「顧客滿意度的經營」這個課題，應該也變得和其他行業一樣重要。

一般的醫師在學校所學的都是醫術，對於經營或服務，甚至像人事管理這方面，相信大部分的醫師都沒有這方面的學習經驗。換句話說，大部分都是由沒有經驗的人在經營。

雖然如此，最近聽說在長野縣的松本市就有一家醫院，不但獲得患者極高的評價，同時還從虧損狀態，一轉成為可以創造盈餘的醫院。

這家位於市中心「相澤醫院」，是一家約有四百張病床的綜合醫院。從JR的松本車站走路就可以到，附近還有住宅區。

當我和這家醫院的相澤孝夫理事長見面時，他先遞給我的是一個小冊子。小冊子的封面是明亮的粉紅色，上面有著綠色的A和I英文字母圖案。

「我們全面實施CI（企業識別系統），粉紅色是我們醫院的主要色調，所有病房的窗簾都統一使用粉紅色，要替醫院做商標設計也是我提出來的想法。」

這樣告訴我的相澤孝夫理事長，果然仔細一看他的名片，上面也是同樣的綠色文字的設計。

當我翻著這個上面有著「年報」標題的小冊子時更讓我驚訝。

這幾乎可以說是和股票上市公司，發給持股人的年度報告相去不遠的內容。所有關於醫院在經營方面的數據，比如患者的人數、病床的使用率、醫療業務方面的收入、乃至於開銷的費用，都有非常詳細的記載。

「公開所有的情報是取得信賴的第一步。請看，患者的數目的確有減少，對不對，這就是我們改革的成果。」

的確，從資料中可以發現，一九九四年平均每個月估計有七百人的外來患者數，到了一九九七年減少為平均每個月六百人。

但是患者數目的減少，在經營上應該不會是件好事才對。

「我們是從追求『顧客滿意度』的角度，來徹底地重新思考要如何經營一家醫院。提到顧客滿意度經營，很多都會強調豪華的醫院設備，或是高級餐廳般的餐點。當然我們也不是認為那些都不重要，但是我們認為對於患者來說，真正的顧客滿意度經營，應該是在醫療品質的提昇。大家常說等看病等了一個小時，但是真正看病的時間只有三分鐘。所以我們認為，如果是這樣的話，那我們寧願在每位患者身上都花上七到八分鐘的時間，於是我們決定要建立一種可以把患者的病情做更詳細的說明的體制。所以我們決定將診療採預約制，規定一個小時最多只能預約八位病人，同時在醫師的人數方面，也從一九九四年的三十位大幅增加到目前的四十三位。」

相澤理事長從這樣的想法延伸出來，結果目前醫院方面不但有和其他該地區的開業醫師合作，同時在促進醫藥分業方面也有相當的成果。

「綜合醫院如果想要一網打盡所以的當地患者，只會讓人產生反感。所以我們盡量想把外來的患者，讓他能夠回到原來的開業醫師那裡。我們和開業醫師協調希望能夠分工合作，也就是說希望開業醫師能夠負責平常一般的診療，然後把兩個月一次的精密檢查的工作交給我們來做。另外在給藥方面，因為事實上醫院藥局的現狀是，根本忙得來不及開處方。因此在用藥方面，也無法為病人做詳細的解釋和說明，所以我們和松本市內的藥劑師們合作設立一個組織，讓醫院內的藥局以住院患者的處方為主，其他的患者則讓他們可以自由地到處方藥局去，藉這樣的方式徹底實施醫藥分業。」

不是像一般「大企業的理論」那樣，想要靠自己佔據所有的患者，而是一邊和所謂的中小企業，也就是開業醫師，找出一條可以共存亡的生存之道；同時用心追求高附加價值的醫療品質來確保醫院的利潤。

其中一個例子就是設立健康中心。

用和五星級飯店相當的設備，引進全身健康檢查所需的硬體，讓當地的住民可以藉此來達到增進健康以及預防疾病的效果，甚至還可藉此發掘出新的病患。

利用健康中心的病人一年有一萬位，其中還發現許多早期的癌症患者等新的患者。

當在地域社會這種被設限的大餅裡，面臨到要如何確保自己的顧客（患者）時，這種透過日常性的活動所培養出的信任感，就變成最不可或缺的重要因素。

「相澤醫院」努力減少患者人數這種，乍看之下似乎很矛盾的目標，結果，反而因為該院企圖提高醫療品質，以長遠的角度來看，應該可以產生提高醫院集客效果的一個結果。而原本呈虧損的赤字經營，在經過這樣的改變之後，一轉成為可以使利潤增加的經營成效。

醫院的集客和一般企業的集客，在本質上應該可以說是相同的。

社長所說的「醫院是地域性的產業」這句話讓我印象深刻。

從顧客的角度出發，活用顧客滿意度經營，都是今後掌握成功的關鍵。

# 第五章　立定切確的經營戰略

## 笨拙的子彈擊不中

很多人因為東西賣不好就說「都是景氣不好……」。

但是如果真的景氣變好，也不是所有的企業就都會賺錢。

景氣好的時候，或許就算是沒有上進心的經營者，隨隨便便做也可以有勝算，但是在經濟情況不好的時候，那樣的經營者是絕對會被淘汰的。

這是一個「笨拙的子彈擊不中」的時代。

只要子彈夠多就可以擊中，這根本是個謊言。

要有優質的子彈，也就是品質要夠優良。現在這個時代，就算推出一般認為絕對會大賣特賣的強力商品，都還有很多人會因為結果不如預期而悔不當初。更何況是笨拙的子彈，原本就沒有百分之百把握的商品，更應該把它想成絕對不會成功才對。

這是一個沒有相當有把握的經營戰略，就不可能勝出的時代。

舉例來說，某家家電折價店破產了。這家店在幾年前還被媒體以「價格破壞的先驅」大肆宣傳。此乃這家店的老闆具有相當獨特的魅力，的確是非常適合在電視上露臉的採訪對象，且由於他對媒體也有非常旺盛的服務精神，可以在各家電視台的攝影機前，打電話訂冷氣機讓媒體拍攝。

但是仔細想想，重要的訂貨電話應該沒有必要在媒體的面前進行。在電視上呈現出來的，在名牌的皮包裡裝滿鈔票，坐著進口車到處忙來忙去的這種實況的背後，其實不過就是老闆親自打電話跟平行輸入店進貨的舊式做法；而並不是經過流通方面的革新之後，因為實現低成本化所帶來的結果而使價格降低。

不過因為企業本身的規模不大，所以當時用那種方法也可以獲得某種程度的成績。但是實際上那樣的折價店，和現在營業額動輒上千億元的綜合折價產業，基本上是屬於不同的體質。所以對於無法看出其中差異的日本電視界，他們對於經濟知識的缺乏程度大家也就可想而知。

果然，在老闆突然過世之後，進貨的通路就變得一片混亂，於是這家店也就就此消失。證明這果然是一個沒有被系統化的折扣價格。

因為賣不出去所以就拼命降價，其實也沒有用。

現在更需要的不是只顧一時的經營，而是訂有長期性戰略的經營方式。

## 三十年的經營策略成果

「日本麥當勞」持續地快速進攻。目前的店數約有兩千七百家，但是其中約有將近一半的店是在最近這三年才開張的新店。

他們所表現出的急速成長，好像外面的不景氣和他們完全沒關係。八十圓、六十五圓的漢堡特價優惠也一直在反覆地進行。

當一美金兌換八十日圓的時代，各大媒體都報導「麥當勞」是因為受到日圓升值的正面影響，所以才會出現如此的成長。這當然以是其中的一個因素，但是在這之後，儘管日圓貶值，「麥當勞」成長的速度卻沒有因此而減緩。

藤田社長一直抱持這樣的一個想法，他認為「做生意三十年才是一個輪迴」。

「麥當勞」在東京銀座四丁目推出日本第一家店，是在一九七一年七月；從第一家店到現在，已經過了將近三十年。

生於一九七〇年代前半的青年人，也就是所謂第二次世界大戰後的嬰兒潮的世代。這些從一出生就開始接觸麥當勞的世代，現在已經進入社會，甚至已經到了要面臨結婚生子問題的年齡。對這些從小就吃麥當勞長大的世代來說，將來給自己的小孩吃麥當勞更是再理所當然不過的事。

以前一個禮拜要吃一次麥當勞的人，據說在公司裡會被稱為是麥當勞的「重度癮者」，但是現在一個禮拜來吃兩次的人也愈來愈多，因此所謂「重度癮者」，也改由這些人取而代之。

這也就表示，平均每個人來消費的頻率，有了相當程度的增加。

以前，麥當勞增設新點的時候，是以每五萬人口為一個單位來增設新店，但是現在，差不多每一萬人口，就可以支撐一家麥當勞，甚至有時候，在工廠的員工餐廳或甚至大學的校園內等等，一些用以前的想法完全想像不到的地方，也都慢慢有麥當勞出現。

在最近「麥當勞」急速成長的背後，絕對不能忽略的是藤田社長那種把顧客以「世代」的方式來培養，花三十年的時間讓他們「養成習慣」的經營策略。

即便是打價格戰，也絕對不是靈光一閃的突發奇想，而是經過絕對精密的計算之後，確定會有利潤才推出的作戰計劃。「麥當勞」每年都會舉行四次針對全國一千八白戶人家所做的「消費者意見調查」，在這份調查當中，針對一個兩百一十圓的漢堡，讓消費者表示認為是貴還是便宜的問題時，據說有百分之三十的消費者都表示這樣的價格他們會購買，而當價格降到一百三十圓的時候，會購買的比例增加到百分之七十，而當價格降到一百圓的時候，百分之百的受訪者表示會願意購買。

所以隨著價格的下降，以往不屬於麥當勞消費者的群眾，也會願意來購買麥當勞的產品，藉著這些新增的營業額來彌補價格下降所造成的差額，進而創造出些許的成長。

最早察覺到貨幣緊縮經濟時代來臨的氣息，率先採取降價行動的戰略，同時藉此來擴大市場進而增加獲利。這就是「麥當勞」的三十年抗戰，可以說是近年少見的成功案例。

## 單一品牌・單一概念

麥當勞的持續快速進攻雖然讓人印象深刻，但是我更注意到麥當勞另外一個，「曾經嚐試過一次但沒多久馬上就放棄」的商品。

麥當勞曾經賣過咖哩飯，但是卻在非常短的期間之內就決定放棄這項商品。因為顧客想到麥當勞，就會想到要來買漢堡、可樂、薯條，突然開始賣咖哩飯，恐怕連消費者也會被弄得丈二金剛摸不著頭腦。雖然當初在開始的時候應該在硬體上也投資了不少，但是既然決定要放棄之後，麥當勞速戰速決的效率我認為也是相當值得其他企業學習的地方。

所謂「聞道有先後，術業有專攻」，有時候簡單的多角化經營反而會使企業在消費者心目中的印象變得薄弱，這也是一個值得我們深思的問題。

比如賣牛肉飯的「吉野家」，專注於這一行已經有一百年了，所以在這一方面已經有很多固定的客人；如果突然開始作賣咖哩飯的生意，可能反而不容易做出好成績。

這是在經營戰略上非常重要的一點。

一個店就只賣一種東西，也就是所謂的「單一品牌，單一概念」。

接著我就要介紹一個這樣的例子。

我要介紹的是將日式甜點這種比較偏向保守的生意，成功地改變革新的福岡「石村萬盛堂」。這家店雖然以製造博多名產的「鶴乃子」出名，但是這項產品本身的銷量卻已經停滯不前。然而當現任的社長石村善悟先生當時以二十一歲之齡，在一九七九年繼承父業以來，將當時只有八億日圓的營業額，轉為成長為八倍之多的六十四億日圓。

這期間的秘密就在於開始進軍西式糕點。

其實就在就任社長前後，石村社長曾經進行過「某項計劃」，那就是將三月十四號的白色情人節，宣傳推廣為栗子節。

「會想到這個點子主要是因為鶴乃子這項商品外面包的就是栗子的關係。雖然我們曾經試過在『石村萬盛堂』進行情人節的特別促銷宣傳活動，但是因為是日式甜點的關係，所以結果並不理想。」

於是社長就想到，讓鶴乃子還是像以前一樣在「石村萬盛堂」販賣，但是另外還增設了專賣西式糕點的「BON CINQ」、專賣高級日式甜點的「萬年屋」、以及專賣栗子關聯商品的「瑪西羅馬」，用這種策略像這樣來把不同的商品分別設不同的店來販賣。而不是像以前一樣，在「石村萬盛堂」裡又有日式甜點又有西式的糕點，而是為每一種商品都設立一個符合此種商品性質的店。

徹底實施「單一品牌，單一概念」，讓顧客也意識到其間的差別，這就是他們的策略。所以即便是一家只有七坪的店面，「BON CINQ」和「石村萬盛堂」之間也要以牆壁隔開，且禁止所有工作人員互相往來，連制服和收銀台都完全分開。就算有人批評這樣的做法很不經濟，石村社長還是堅持貫徹他的理念。

所以有很多博多人都還以為，「BON CINQ」是神戶來的西式糕點專門店。現在西式糕點約佔總營業額的百分之五十以上，而鶴乃子的營業額則依舊停留在總營業額的百分之十四左右。

「因為西式糕點的特徵就是它不但可以作為日常的點心，同時也有作為送禮、結婚紀念品等多種用途。為了要提供這麼多不同的需要，所以一定要培養出自有的品牌。」

「石村萬盛堂」的勝利，可以說是在刻意壓抑一般很可能會想要仰賴這個所有的福岡人都知道的「石村萬盛堂」這塊招牌的情感之後，反而更乾脆地完全切斷其間的關聯，而採取長期的經營策略才得到的。

像栗子節這樣的創意的確是非常必須的，但是如果只是光靠突發奇想的創意，生意畢竟也無法持久。我認為在嶄新的創意之外，還要有確實的經營策略，這樣才能熬過艱困的時代。

## 對「稍微奢侈一點，稍微要求多一點」做何反應

在經濟不景氣的情況之下，是不是就一定要便宜的東西才賣得出去？但是仔細觀察一下，情況倒也不盡然如此，讓人感到蠻不可思議的。

比如說像「新宿高島屋百貨公司」最有名的竹簍豆腐來說好了，從開店到現在已經兩年多了，每天都還是有人排隊要買豆腐。

一天限定只做三次的手工豆腐，一塊豆腐要賣五百八十圓，是所有豆腐裡面最貴的一種，但是這也是所有豆腐裡面賣得最好的一種。

以為五百八十圓應該已經是最貴的了對不對，沒想到人外有人，天外有天，還有更貴的呢！

大阪心齋橋的「大丸百貨」，每天都從京都進手工豆腐來賣，這裡的手工豆腐可是一塊要一千八百圓，而且每天只賣二十塊，每天都賣完。

另外一個例子不是在百貨公司，而是位於大阪界市的「安心堂」。這家豆腐店的禮品用商品，雖然一個要三千日圓以上，但是卻非常受歡迎。

我也曾經收到過朋友送的「安心堂」豆腐。這種用產於十勝的大豆以及在伊豆大島採集到的天然凝固劑所做成的竹簍豆腐，加上厚片豆皮跟豆腐丸子所組成的禮盒，可以用保冷快遞把這樣禮品送到全國各地。

當用湯匙挖這個竹簍豆腐來吃的時候，發現這個豆腐的味道果然非常香濃，而且不光如此，吃在嘴裡的感覺也相當好，有著濃純的香味和紮實的口感。

因為堅持要做出這種味道而大受歡迎的產品不只是豆腐而已。

同樣是在「新宿高島屋百貨公司」非常受歡迎的納豆，是一個要五百圓，丹波的黑豆納豆。

這種納豆跟一般吃的那種可以牽絲的水戶納豆不同，而是可以用筷子夾著吃的那種一顆一顆大大的豆子。感覺上跟甜的納豆比較接近。我對於這麼貴的納豆，到底是哪些人在吃覺得很感興趣，所以跟著電視的採訪工作人員一起躲在柱子後面，計劃等到客人買了之後，突然來個措手不及的現場採訪。「平常都是買普通超市三包一百三十八圓的那種，但是偶爾想要享受一下的時候就會來買這個」。

現在應該有很多家庭，雖然家裡成員有四個人，但是兒子女兒們可能不是加班就是出去玩，所以平常家裡都是只有夫婦倆個人一起吃晚飯。這種時候就可以跟先生兩個人分著一人吃一半……。

如果家裡四個人都在的話，吃的可能就是普通超市買的三包一百三十八圓的那種；但是如果只有兩個人在家，想要稍微奢侈一下的時候，就可以嚐試一下「小小的冒險」，吃個一包要五百圓的納豆。

這種感覺是現今的消費者的一個非常重要的特徵。

的確，在收入不大可能增加的狀況下，想要真的想多奢侈也不容易。但是至少這個國家也不像其他有些地方，可能買個吃的東西都還要排隊。再怎麼說，大家在泡沫經濟時代至少也都有吃過好的東西，也出過國去旅遊過好幾次。在那種時候品嚐過的好味道，舌頭可是會記得很清楚的。就算不能到外面去盡情地享受奢華，偶爾還是會想稍微奢侈一下。就算吃不起「吉兆」的全套懷石料理，至少也可以吃一樣稍微貴一點的東西，所以像這種好吃的豆腐或是納豆就會變成這種情況下的選擇。

這種傾向特別是在吃的東西方面表現得最明顯。

比如拿蔬菜來講好了。最近讓人覺得改變很多的就是超市的蔬果賣場。首先是像有機蔬菜、無農藥、或是減少農藥用量的蔬果的賣場大幅增加。有人認為這是因為一般大眾對有機蔬菜愈來愈有興趣，目前整個市場規模約有三千億圓，比起前幾年增加了好幾倍。

有機蔬菜因為對於生產量或生產的農家都有相當的限制，因此和一般的蔬菜相比，大部分的價格都會貴上一到兩成，但是在這樣的不景氣當中，有機蔬菜仍然是一枝獨秀，絲毫不受到景氣的影響。由此可以看出現在的消費者「就算價格稍微貴一點，但是只要是自己覺得好的東西，就會去積極地購買」這種意識。

在這種「堅持主義」的風潮之下，連味噌、醬油、沙拉醬這種調味料，或者從像義大利麵、進口乳酪、甚至手工火腿這些等等商品都可以確認此種消費傾向，不光是擁有高知名度的全國性品牌，其他任何具有高附加價值的商品，或是經由特別堅持的專門師傅以手工製造出來的產品，都已經進入到一般的超級市場，同時在不斷地擴大產品的範圍。

另外像調理包的咖哩這種東西，現在也不像以前一樣只是單純地販賣「方便的料理」，現在賣的時候強調的是，消費者可以把飯店主廚所調製出來的口味或是咖哩專門店的特製口味，原封不動地直接在家裡享用。

在工廠以大量生產所製造出來的產品，和多種少量，必須花費較高製造成本所做出來的高價商品共存在同一個賣場，同時各有各的支持群眾。有的時候這些不同的商品可能各有不同的消費群，但是就像先前買納豆的主婦一樣，有時候同樣一個消費者，也可能會依照不同的時間、不同的地點，依其不同的需求來購買不同的商品。

這讓我們了解到，如何儘早掌握到消費者這種隨機式的購買模式，並且創造出可以同時滿足這些需求的賣場，絕對是非常必須的功課。

## 經營者的執著會受到重視

東京的地下鐵經常可以看到不少中年的婦人，手上提著藍白相間的，不算大但是非常結實的日本味道的購物袋。一般百貨公司或是高級名牌的購物袋，上面的圖案設計大多是比較偏向西洋式的設計，所以像這種日本味道的設計，反而顯得更突出。

袋子上面有著「加島屋」的字樣，這是一家位於新瀉的海產製品製造商，以鮭魚拌飯料聞名。這樣一家來自地方的醬菜製造商，居然可以進軍東京，同時還成功地創造出自家產品的高級品牌印象，這樣的例子確實並不多見。

「加島屋」一直到昭和四十年代左右，不過還只是新瀉一家「賣醬菜」的。但是在「玉川高島屋百貨」設櫃以後，加島屋的產品就開始在東京和大阪銷售，同時知名度和業績也都呈現相當高度的成長。現在加島屋在東京和大阪的共八家百貨公司設有專櫃，但還有很多百貨公司一直在要求加島屋在那些百貨公司增設專櫃，加島屋則是一直加以拒絕。

據說百貨公司方面也提供加島屋相當優渥的設櫃條件，但是為什麼加島屋卻還是一直持續拒絕這些邀約呢？

這絕對是因為要限制供應量的關係。

「加島屋」所生產的「鮭魚拌飯料」當中所使用的鮭魚，限定只使用從美國阿拉斯加州溯優孔溪而上的鮭魚王。

阿拉斯加的優孔溪，是一條全長三千七百公里的大河。從那裡溯溪而上的都是營養滿點，重量可以到達十公斤以上，脂肪豐厚的大魚。

從加島屋一八五五年創業以來，第四代的加島長作社長，於是一直堅持「就是因為這樣，所以我們更要把材料限定為這種鮭魚王」。

但是美國政府對於這條河川的漁業捕獲，有非常嚴格的限制。

為了要盡量確保這些鮭魚王的產量，加島社長從二十五年前就開始，經常性地往返日本和阿拉斯加之間，非常努力地在和當地的居民保持不斷的交流。

鮭魚的漁獲期是在六月，實際上愛斯基摩人的小船在漁獲期，也只出動大約六次左右，但光是這一個月，就可以決定加島屋一年的營業額。

由於加島社長長年來的努力，因此在優孔溪當地被捕獲的鮭魚王當中，大約有百分之八十都是在捕獲之後，馬上就被加島屋一家廠商包下來。

但是光是這樣的話，鮭魚王的量還是不夠充裕，所以沒有辦法再在全國其他的百貨公司，增設更多的專櫃。

加島屋不光只是對素材相當堅持，對品管方面也有非常嚴格的要求。

一瓶要賣兩千兩百圓的鮭魚拌飯料絕對不算便宜，但是對於了解這些價值的顧客來說，這樣的價格是可以接受的。如果沒有這種對素材的堅持的話，鮭魚的產量何其多，大量生產或許也不是不可能。但如此一來，一瓶恐怕就賣不到兩千兩百圓了。

這一陣子以來「加島屋」的年營業額似乎都停滯在八十億日幣左右，因為有供給上的限制，所以也沒辦法期待營業額會出現巨幅的成長。

但即便如此，加島屋還是沒有走向大量生產，沒有被追求更高的營業額沖昏頭，堅持繼續使用最高級的素材。即便營業額沒有出現成長，但是卻能夠在這樣不景氣的情況之下，依舊保持不墜的人氣，我認為這就是因為經營者的態度受到大眾的肯定所致。

另外還要介紹一個，同樣也是可以從產品當中表現出經營者的堅持的企業。

那就是連續二十年都在歐洲的火腿評比競賽中奪得金牌的，栃木縣的「瀧澤火腿」。

社長的瀧澤貞夫先生非常堅決地表示「做的時候如果只考慮到價格是不是能被接受的話，那在工廠裡恐怕大家都會很沮喪。如果大家做的都是一樣的東西的話，那就不需要瀧澤火腿了」。

這位瀧澤貞夫社長在十六年前懷著特別的心情開始生產的名叫「道樂」的這種火腿，現在終於交出亮麗的成績單，成長茁壯成為讓更多人了解這家公司的主力商品。那就是天然燻製的火腿。

栃木向來以生產大谷石聞名，於是他們就想到要在採掘大谷石的石洞當中，做一個儲藏庫，然後利用石洞中的天然條件，來製作天然燻製的火腿。

石洞裡的溫度經年都是在兩度到九度之間，同時溼度幾乎也都固定在為百分之九十五左右。再加上岩盤所含有的沸石類物質還有脫臭的效果。因此這種火腿所必須要經過的人工過程，不外就是要先挑選出優良的素材，再來就是加點鹽而已了。剩下的製造過程就都是在大自然的搖籃裡，等待肉品本身慢慢地成熟。帶骨腿肉的新鮮火腿「普羅修德」需要一年的時間，肩里肌肉的新鮮火腿「柯巴」只要六個月，另外義大利臘腸的話，只要三個月就可以成熟。

當瀧澤社長剛開始的時候，現在擔任會長的父親曾經告誡過他「光靠理想是沒有辦法維持生活的」，但是現在這項一百公克要賣到將進一千圓的火腿，卻是潼澤火腿所有產品當中銷售額成長最顯著的一項商品，以每年成長百分之七十到八十的速率在急速地成長。

在大谷地方，挖採完石礦之後剩下來的石洞空間，據說有七十個像霞之關大樓那麼大的地方，但是到目前為止，都只有用其中的一小部分來作為蔬果的儲藏空間，從來沒有人利用這樣的空間來真正製造出產品。

「潼澤火腿」光是為了這個大谷天然燻製品牌確保住約三百坪的空間，隨時可以將目前一萬條的火腿產量增產到十倍左右。

不過只要這種火腿繼續維持只在自大谷石的天然石洞進行天然燻製過程，就可以在市場上強調此種產品和工廠大量生產的產品之間的不同，讓獨特的品牌發揮應有的功效。

現在的時代應該已經可以說是，因為瀧澤社長的「堅持」，才讓這項商品擁有最大的優勢。

一般超市三條包在一起賣三百五十八圓的火腿，是知名製造商NB最擅長的戰區。但是身為來自地方的中小型公司，「瀧澤火腿」卻可以選擇開闢不同的戰場，打一場完全不同的仗。因為對商品的堅持所衍生出的在產品方面的區隔，應該可以給大家帶來一些啟示。

## 以口味為最大附加價值的產業

在這一章裡很湊巧地，要談的也是關於食品的話題。

這倒不是我刻意去蒐集這些案例，而是很偶然地，在討論能夠活用經營者的堅持、或是傳統、或地方特色等等案例時，會發現食品在這一方面或許比較容易發揮。

因為像家電或是汽車這種工業製品，都需要利用大企業的工廠，在生產線上進行生產，其結果都是完全一樣，所謂經營者的堅持，在這一方面的確是比較不容易表現。但是在食品方面，會依地區的不同，產生各不相同的所謂傳統風味。因為有很多老店都還堅持維持傳統的製造方法，所以在商品方面比較容易產生其間的差異性。更重要的是，當消費者一旦吃過好吃的東西之後，對其他比較差的口味就再也不能感到滿足，反而會更去追求更高的美味，這也是為什麼在這一方面，高附加價值的商品比較容易生存，或者就算是規模比較小的中小企業，也比較容易以其獨特性和其他競爭者抗衡的原因之一。

就有一家公司，試圖把這種用電腦完成的，所有地區性的口味差異資訊，變成一種資料庫，以創造出新的商機。

這是一家位於福岡縣飯塚市的「一番食品」。

老實說，我想應該沒有多少人聽過這家公司的名字。

但是這家公司卻是藏在陰暗角落的大企業，可以說只要是日本的國民，沒有人不曾受惠於產品的。

這家公司生產從麵類的湯頭、餃子的沾醬、到什錦炒飯的配料等等，是孕育出總數約有八千五百種的「口味調配專家」。

來自日本全國，只要是所有任何關於味道的開發工作，都會委託「一番食品」。

希望他們能夠幫忙開發出適合新口味烏龍麵的湯頭。

能不能為我們的麵包做一種特別的湯來搭配？

或是調製真空包裝餃子的沾醬……。

對於像我們這樣一般的消費者來說，當然以為這些都是烏龍麵的製造公司或麵包公司或餃子品牌所生產出來的東西，哪裡知道「口味製造」卻是一番食品所負責的工作，也就是這些產品背後的那隻「看不見的黑手」。

但是「一番食品」並不是從一開始就決定要做這樣的一隻隱身幕後的黑手。

他們也曾經在昭和三〇年代推出過一種叫做十圓拉麵的暢銷商品，把麵和湯組合在一起搭配銷售。

那又為什麼之後會徹底投入專業的湯頭製造，選擇專注於「看不見的黑手」這樣的行業呢？

「因為如果我們連麵也一起做的話，從客戶的角度來看，我們就變成他們的競爭者了。我想可能不會有人想要跟競爭對手購買湯頭！所以我們如果專注於湯頭的製造，做一個調味方面的專家的話，就可以和所有這方面的公司都保持生意往來了。」

有吉正臣社長對於他們的經營策略做了以上的說明。

的確，如果從一番食品過去的成績來看，就可以發現事實證明這樣的策略是正確的。現在他們的營業額是一百二十二億圓，員工共有六百三十人，正在繼續成長成為飯塚市的中堅企業。

有吉社長表示，調味料的研究事實上相當深奧。因為從事的是和吃的有關聯性的行業，所以比較可以不受景氣影響地安定的經營，也可以說是一種非常適合慢慢從事研究的行業。

但是能夠吸引來自全國的客戶，其中最主要的一個原因就是，「一番食品」建立的全國口味電腦資料庫。就拿拉麵來說好了，札幌的拉麵和福島喜多方拉麵和博多長濱的拉麵，甚至和鹿兒島的拉麵，在口味方面都完全不同。就是因為他們把這種口感的微妙差距實際地數值化，所以才可能開發出新的口味，創造出暢銷的口味。

基本就在於「舌感應」，也就是人類的舌頭所能感覺到的味道。他們的職員到全國各地，吃遍所有好吃的店。這些皮箱裡裝的都是小小的玻璃瓶和小塑膠袋的工作人員，趁著店員不注意的時候，就把拉麵的湯頭採樣回來。然後帶回到實驗室，在實驗室裡進行製造出同樣口味的作業。

以這種靠著雙腿和舌頭所找到的味道歸納出來的資料庫為依據，繼續追求更高的「美味」。

這樣花了一年時間所蒐集的樣本，光是數目就有超過六千多種，然後從這些美味當中找出好吃口味的秘密。

我之所以這樣大力推崇「一番食品」的原因，就是因為他們不光只是等著要滿足製麵廠商的要求，而是在這之前更進一步地先進行口味的開發，據說很多合作都是「一番食品」自己率先提出企劃，然後再去說服合作對象。

比如說原本一個只賣五十圓的蒟蒻，「一番食品」就建議可以搭配他們所開發出來的酸辣味增一起販售，以提高產品的附加價值，使得原本五十圓的商品變成以一百二十圓的價格推出，銷售成績也比單單販賣蒟蒻的時候要來得好。

再不然就是不是只光賣烏龍麵，一番食品建議烏龍麵廠商不妨加上炸的料，再搭配鋁製容器販賣。這樣的改變使得商品的販賣價格得以提昇，同時銷售數量也大幅增加。

要怎麼樣料理素材，或是怎麼樣利用配料，增加產品本身的附加價值，這些一番食品所負責的工作，表面上雖然像是隻看不見的黑手，但是實際上卻是讓主角發光發亮的重要角色。

最近一番食品也開始和其他知名的便利商店合作，不斷地推出新商品。

「從事和食品有關係的人，一定要經常鍛鍊自己的感度才行。如果不提高自己對流行的敏感度，一定無法創出成功的事業。」

這是有吉社長經常掛在嘴上訓誡員工的話。

不只在食品業是如此，在我認為，這也是如何在這樣一個競爭激烈的時代生存下去的經營策略之一。

消費者的喜好經常在激烈地變化，廠商必須要能夠儘早掌握他們的需要和價值觀，同時即時做出可以滿足他們的商品才行。

如果是在以前高度成長的時代，還可以期待在一個爆發性的流行誕生的時候，跟在第一個推出此項產品的廠商後面，模仿他們的商品，藉以創造一點利潤，但是現在的消費者的喜好不但愈來愈多樣化，在消費市場中所見到的消費模式，也幾乎都是隨機式的購買。所謂的流行，大都是比較小型，而且持續的時間也比較短，等到發現流行之後趕忙著進貨，貨進來之後這波流行的風潮可能也已經過了，結果剩下的只有大批的庫存，這種情形過去應該也經常發生。

那要如何才能搶先掌握流行的「徵兆」呢？

當感覺到這樣的預兆的時候，要立刻做出最快的反應，要不然就是要磨練自己對流行的敏感度，我認為在接下來的時代，只有這樣的企業才能夠繼續存活。

從頭到尾堅持只做看不見的黑手的工作的「一番食品」，捨棄了成為最終商品製造商的身分，向所有合作的客戶提出許多建議和提案，同時，以獨自的巧妙身段成功地存活下來。

有時候和日本料理的烏龍麵或蕎麵廠商合作，有時候又幫義大利麵廠商，或甚至中華拉麵廠商等各種不同領域的人一起共事；我認為這種不光靠一時流行的經營方式，甚至直接穩定了公司的經營。

如果只是半調子的拉麵製造廠商，如果大家對拉麵這種產品稍微有點倦怠的時候，公司營運可能馬上就會受到影響；若是鑽研各種和口味有關的生意的話，不管什麼才是現在當紅的口味，只要能夠在那方面彈性地去發展，在經營方面就都可以遊刃有餘。

鍛鍊對流行的敏感度，然後加足馬力勇追猛趕。

這就讓我想到「一番食品」獨特的巧妙經營策略。

# 第六章　以創意領導銷售的時代

## 行銷是一種精心設計的裝置

做生意，就是要讓客人不覺得厭倦。在採訪過許多業種之後，更加深了我這種想法。

為什麼光看開店前沒有任何客人在裡面的賣場，就可以想像出這樣的賣場生意到底會不會好？

首先生意好的賣場的第一個條件一定是要明亮，而且要經過整理。這是最最基本的條件。

雖然在這本書裡接下來要介紹的二十四小時量販店「唐吉軻德」就是一個故意把店面做成不容易找而成功的例子，但是因為這是他們刻意的設計，所以我認為這是一個特例。基本上，一般對賣場的要求都是要讓人簡單明瞭，好找、方便購買。

生意好的店面絕對沒有漏洞。

店家一定會充分利用空間。

陳列架上一定沒有被浪費的空間，對於現在的客人的需求一定也相當能掌握，同時還會用顯眼的海報等來傳遞這樣的訊息給顧客。

這裡所謂的沒有漏洞，並不是指沒有空間上的漏洞，或是用商品擠滿狹小的空間。只要有空間就塞滿貨物的做法只會讓賣場顯得雜亂無章，這樣反而會讓顧客找不到他真正需要的商品。

如果追根究底來講，在貨架上陳列過剩的商品根本就是賣方沒有自信的一種表現。如果真的知道什麼才是暢銷商品的話，就會把商品集中在這些品項上；就是因為連店家也搞不清楚到底什麼好賣，什麼不好賣，因為這樣的不安，所以才會造成貨架上到處擠滿了各種各樣的商品。

真正好的賣場，應該是要讓顧客知道什麼是現在的暢銷商品，然後把不同顏色和尺寸的商品都整齊地整理好放在倉庫，當顧客有需要的時候就可以馬上拿出來。

看起來生意應該不錯的賣場的第二個要點，就是要能引導顧客。

那種還掛著前幾季過期海報的那種店根本不列入討論，生意好的賣場應該要經常性地注意陳列，不光只是死板板地照著公司規定貼上海報貨宣傳文字，而是要從心裡想要怎麼樣以更突出的陳列來吸引客人的目光，這樣的賣場才會讓客人覺得新鮮有趣。

這正是所謂的行銷。

我個人對於行銷的定義是，「讓原本不想買的人會主動地想要購買的智慧」。

有些國家，人民可能要在賣食品的店門口排隊才能買到生活所需的話，那當然可能就不需要行銷。

但是就是像現在這樣一個大家都會看緊荷包的時代，才會需要那種能夠讓大家不由自主地想要讓鈔票鬆綁的智慧，而這就是所謂的行銷。

在這方面，我認為大阪人做生意的方法的確有他們獨到之處。

以前在車諾比原子外洩事件發生時，許多農作物都受到放射線的污染，而引起相當大的問題時候。當我走在大阪最知名的道頓堀時，突然看到這樣的一個看板：「車諾比烏龍麵」。

我第一個反應是嚇了一跳！

這到底賣的是什麼東西？

我當時雖然不是很餓，但是還是忍不住走進店裡叫了一碗。結果端上來的是海帶烏龍麵。因為當時電視上經常介紹，海帶有抵抗放射能的功效。

不過，我還是覺得這種，會把「車諾比」這種帶有負面影響的字眼和吃的東西結合在一起的大膽想法，的確是非常讓人眼睛為之一亮。當然這種海帶烏龍麵本來就在菜單上，所以如果有人特別點「車諾比烏龍麵」的話，就是另外又增加了海帶烏龍麵的銷量。而且不光如此，像我本身就是一個最好的例子，要不是看到那個「車諾比烏龍麵」的招牌，我恐怕也不會走進這家店來。所以，從店家的角度來看，這的確是一個可以增加營業額的好點子。

透過吸取一般情報資訊的天線來仔細用心觀察，在察覺到像這樣的情報之後，立刻拿來作為賺錢的點子。我認為這就是「讓原本不想買的人會主動地想要購買的智慧」。

另外還有一個這樣的例子。現在在零售業當中被相當地廣為流傳的一個行銷的成功案例，「紅色內衣」同樣也是大阪的行銷手法。

「在義大利他們都是在聖誕節互相餽贈紅色內衣，然後穿著紅色的內衣迎接新年，這樣就會為新的一年帶來好運。」

這是大阪難波的「高島屋百貨」在一九九五年的聖誕節前推出的看板，因為這個看板，當年的紅色內衣創下了兩百萬日圓的業績。

在那之前，紅色的內衣幾乎很少有人買，也就是說從沒有需求到創造出這樣的需求。

接下來的一九九六年，同樣的聖誕節紅色內衣促販活動業績為五百萬圓，接著在一九九七年更到達一千萬圓，不但讓這項促販活動變成例行的活動，營業額也在不斷地創新高。而且不僅是大阪的「高島屋百貨」，連內衣業者都開始積極地參與這項活動，現在在日本全國的百貨公司，都可以看到這個創造出「紅色內衣」神話的活動促銷海報。

這正是促銷的真髓，讓到目前為止從來沒想過要買這樣商品的人，成功地勾起他們的購買慾望。

如果只是把商品陳列出來，然後懷著憂喜參半的心理，賣得不好的話，可能就會說是景氣的關係，用這種誰都想得出來的藉口規避責任。但是那種會想出車諾比烏龍麵或是紅色內衣促銷的人，就算生意再怎麼不好，也不會把責任歸罪於景氣不好，他們應該會先反省，認為那是自己的智慧不夠才對。

也只有這樣的人，才可能繼續不斷地想出更新更炫的點子才對。

這也就是做生意之所以有趣的地方。

## 小玩具店的致勝之道

地點是在茨城縣日立中市。

車站前的商店街幾乎都看不到人影，許多商店幾乎都關著鐵門。由於郊外的大型購物中心陸陸續續開幕，因此這裡也明顯地出現了，和全國其他地方都市相同的所謂「車站前空洞化現象」。

但是其中卻有一家生意不錯的玩具店，叫做「三密家庭樂園」。雖然商店街本身一直在走下坡，同時商圈也和附近大型玩具量販店「玩具反斗城」重疊，所以「三密」也曾經一度考慮過要轉業，甚至都已經將公司同仁送去參加拉麵連鎖加盟店的受訓。

但是現在「三密」卻成功地轉型，營業額更是一下就比前一年多出兩倍，這些都要歸功於店主的兒子黑田光信（三十一歲）的一次美國之旅。

在美國旅行的時候，他發現到美國正在流行一種塑膠娃娃。

這種以美國的流行漫畫中的惡魔或天使等人物為主的塑膠娃娃，總共約有一百五十多種，由於漫畫也有改編成電影，因此在日本也有許多愛好者。這些以超硬塑膠所製成的娃娃，關節的部分都還可以活動，在製作上算是相當精巧；再加上每一種都只有限量製造五千個左右，甚至上面還刻有製作者的名字，新的娃娃一個售價約在四千日圓左右，但是舊的由於更有增值潛力，因此許多收藏者都會願意以數萬圓的價格出價收買。

當然如果只將客層侷限在此種顧客，以當地的商圈來說，就算生意再好也有限。

所以「三密」不只在店頭販賣，還利用專門雜誌刊登廣告，在郵購方面花了許多心血。同時由於發現購買者的年齡層大都集中在從十幾歲到三十幾歲的男性，因此認為透過網際網路來販售應該也會有很好的效果；果然，這樣的推測完全正中紅心。

從北海道到沖繩的許多喜歡這種娃娃的消費者的訂單，都集中在這家位於日立中市的玩具店。

雖然「玩具反斗城」也有販賣此種娃娃，不過「玩具反斗城」主要都是以最新型的商品為主，並沒有這種具有增值潛力的舊型娃娃，因此在商品構成方面和競爭對手做了非常巧妙的區隔。

另一方面，「三密」也開始擴充外國的卡片遊戲賣場，試圖採用「玩具反斗城」無法仿效的模式，採取將火力徹底集中在單品方面的策略。

曾經也有過想就此結束營業，不過現在卻是自信滿滿地準備開展新的事業領域。不僅如此，他們還計劃在一九九八年春天，進駐將在日立中市市郊開幕的大型購物商場，充分展現了積極進攻的態勢。

這種大型賣場無法模仿，只有小型店鋪才做得來的「強化特殊單品」做法，應該可以提供大家一些參考。

## 創造「目的性購物」的商店

香川縣的觀音寺市。

車站前面這一帶的商店街，一過了中午之後就幾乎看不到人影。光線黯淡，有不少店家都是鐵門深鎖。

也不是商店街公休的日子，但是街上卻聽得到透過擴音器傳出來異常大聲的演歌。

「要讓客人到像這種這麼不方便的地點來的話，如果不做出相當具有特點的店，絕對沒辦法。」橫田安男先生的這番話倒還真的蠻諷刺的。

車站前的商店街，原本應該是最好最方便的地段，但是現在卻因為不方便停車，名存實亡的商店街也已經無法滿足客人購物的需求，因此反而變成最不方便地點的代表。

橫田先生所經營的「玳瑁屋」，創業於明治三十七年（譯註：西元一九〇四年），從橫田先生的爺爺那一代就開始，曾經是一家以經營「玳瑁雕刻的梳子」聞名的飾品盤商。

之後曾經一度改販賣知名化妝品，由於這樣的商品，附近居民可以選擇到比較容易開車前往的其他大型購物商場或藥房等，甚至折扣商店也陸續增加，消費者在那些地方可以更便宜地買到同樣的商品。因此當然就沒人跑到「不方便的小店」來買，而被迫面臨轉業的抉擇。

一九九五年，橫田先生終於狠下心放棄販賣知名化妝品牌的商品，開始改從事專業的「美容教室」。

橫田先生認為，開設專門處理皮膚問題的「葉綠素美容教室」（譯註：類似國內的自然美美容教室），只要客人覺得有這一方面的需求，還是會不辭辛勞的從觀音市以外的地方遠道而來。結果，果然不出他所料，每位顧客平均光顧的次數，比較頻繁的一個禮拜來一、兩次。教室本身不收費，但是學員必須購買專用的化妝品和教材，所以大部分的顧客都是每個月付一萬圓到一萬五千圓的固定客人。

現在會員共有六百多人，在這種不景氣的情況之下，每年的營業額都還有兩位數的成長，「玳瑁屋」甚至還計劃要在瀨戶大橋開通之後，到商圈和目前不重複的對岸去開闢新的點。

我在想其實這一行，以前根本就沒有加盟店的這種觀念。

另外，去採訪「玳瑁屋」的時候，我發現他們有一個做法相當成功，亦即——接待室裡，貼滿了會員寄來的賀年卡。每張賀年卡明信片上，都附了一張結婚典禮當中切蛋糕的照片。

美容教室最大的客戶，就是「即將結婚的年輕小姐」。她們都是為了那「特別的日子」，所以即使要作出不小的投資，也還是希望能夠來這裡。

當像這樣看到「前輩們」比自己早一步，看起來非常幸福地成為「宴會的主角」的照片，當然心裡一定也會想說「有一天我也會……」，這樣暗自下定決心。

這的確也是一個不錯的想法。

為了要讓客人願意大老遠地跑到「不方便的地點」來的話，除了要非常清楚地使自己店內的特色能夠凸顯之外，「創造動機」讓客人覺得「無論如何我都一定要去」也是非常重要的。

在大部分商店都關著鐵門的商店街上，這唯一的一家重新裝潢過，維持明亮的「玳瑁屋」，果然有自己一套讓生意興隆的方法。

## 新的「舊書店」

舊書店這種生意雖然說從以前就一直存在，但卻一直是一種不引人注目，就算這種喜歡買便宜東西的消費者的數目再怎麼樣增加，這也不是一種會讓人覺得可以「賺大錢」的行業。

不過這種行業，居然可以在短短七年的時間內，就在全國開設了三百三十多家加盟店的「BOOK OFF」，這的確是非常讓人訝異。

我認為這都是因為他們完全顛覆到目前為止關於「舊書店的印象」，進而創造出一種嶄新的商機。

到目前為止，我們對於「舊書店的印象」有什麼樣的認知？

大部分的舊書店都是位在有很多學生聚集的地點，說是有古舊的味道也好，反正就是有點霉味，陰陰暗暗的，好像總是找不到自己要的書，好不容易找到了，想要站著看一下的時候，旁邊就會有位老伯拿著雞毛撢子走過來……。但是「BOOK OFF」卻完全顛覆了這種觀念。他們試著創造出一種「新的舊書店印象」。

首先店面所在的地點，主要是在郊外的主要街道上，還附有停車場，加上會讓人誤以為是家庭式餐廳的大型看板，「BOOK OFF」看板用的顏色是和紅綠燈一樣的紅、黃、綠三種顏色，而且還有大型的「請賣書給我們」字樣。

一進到店裡，就會聽到年輕的女性店員大聲地說「歡迎光臨」，感覺上還以為是進了麥當勞。店內的動線很寬廣，照明也很充分，甚至還聽得到背景音樂。但是最讓人吃驚的還是「舊書店的書居然是新的」，從客人那裡買來的舊書，都用砂紙磨過，連書皮都用布沾上洗潔劑把它弄得乾乾淨淨。

在這之前，舊書店很少有女性顧客。畢竟對女性來說，就算再怎麼便宜，但是對於沾有別人手上汗垢的書，多有還是有抗拒感。要不然抗菌產品也不會賣得那麼好。

但是「BOOK OFF」卻把舊書弄得跟新的一樣，用這種方式去除女性顧客對舊書的抗拒感，事實上現在多數的女性顧客已經成為「BOOK OFF」客層的特徵之一。

以前的舊書店還有一項相當為人詬病的缺點就是，就算去到舊書店，也很難知道這家舊書店到底有沒有自己想要找的書。

但是「BOOK OFF」卻把舊書依照內容或作者，徹底分門別類地放在不同的書架上，另外，為了要讓女性或兒童都可以輕鬆地取到自己想要的書，在書架方面也特別採用了許多比較不容易造成壓迫感的較低的書架，將賣場徹底改變成方便顧客挑選和購買的賣場。

這些小處的努力累積在一起，使得到目前為止關於「舊書店的印象」被完全破除，「BOOK OFF」這種新的「舊書店」的方式，果然大受市場歡迎。一九九八年的年度營業額為九十六億圓，目前已經在為了要在公元兩千年上市股票，在緊鑼密鼓地進行各項準備工作。

「BOOK OFF」的實例證明，即使是早就存在的舊業種，只要提倡全新的創意，就可以把舊業種變成和過去完全不同的「新商機」。

## 嶄新概念的新式理容院

「BOOK OFF」的社長阪本孝先生，其實並不是這一行所謂的「專業人士」。他本來做的是販賣中古鋼琴的生意。但是我認為，就是因為這樣，所以他才能不受老式舊書店的觀念限制，用全新的視點來看舊書店這個行業。這是非常重要的一點。

所謂「業界的常識」，其實經常都只是「賣方的常識」，但是事實上，隨著消費者的習性和喜好在不斷地變化，照理說這些所謂的常識，本來也就應該要跟著一起變化才對。

如果拘泥於「業界的常識」，就有無法隨著顧客的變化而進步的可能性。

另外還有一個跟舊書一樣，是把以前舊有的行業引進新方法的例子。

那就是向舊有理髮店的印象挑戰的「QB HOUSE」。

「QB」就是快速理髮QUICK BARBER的省略。

這是一種只提供剪髮服務，以十分鐘一千圓的系統來計費的新概念連鎖店。

創立者小西國義先生，是一位從在企業工作的上班族，轉而創立醫療顧問公司這樣的人。所以他當然也不是美容業的專家。但是也就因為如此，他才能不被過往的成見所束縛，而想出這樣的點子。

從自動賣票機裡買一千圓的券之後，就可以坐在椅子上享受十分鐘的剪髮服務。既不幫你刮鬍子也不幫你洗頭，店員會用看起來像吸塵器的管子一樣的氣壓式清除機來清除剪下來的頭髮。

店裡用的椅子也不像一般理髮店裡動輒百萬圓的椅子，而是一張差不多十萬圓的椅子，所使用的梳子和毛巾也都是拋棄式的。

當客人坐在等候區的椅子上等候的時候，椅子上的感應器就會連接到店外的燈號，使燈號開始閃爍，讓從外面經過的人可以知道還需要等待多久時間。

或許也會有人覺得光只提供這樣的服務很沒趣，但是這樣的服務至少非常具清潔感，最主要的還是因為看到很多年輕的理髮師乾淨俐落地在執行他們的工作，所以倒也不會有那種「便宜一定就不好」的印象。

雖然以前也有出現過以低價為號召的理髮店，但是那些店總脫不了比較雜亂的印象。「QB HOUSE」有一項特徵就是擁有許多女性顧客，同時因為考慮到女性可能不喜歡被男性看到自己在剪頭髮的樣子，所以還特別把女性專用的座位區和男性隔開，設在店內的另外一角。

因為不斷地想出新奇的點子，比如說有部像露營車一樣，可以依顧客的要求開到任何地方去進行剪髮工作，或是在車站內設立店鋪等，這些點子使得「QB HOUSE」的業績也呈現急速的成長。

從一九九六年在神田開設第一家店以來，第一年就設了十一家店，到了一九九八年已經達到九十家店，目前的目標是想要在公元兩千年時，達到設立四百家到六百家加盟店網的理想。

「十分鐘一千圓」這樣計費方式除了低價之外，能夠確實地計算時間的這種方式，應該也是使忙碌的上班族男女易於接受的一個要點。

以前剪個頭髮最少要一個小時，有時候稍微等一下，可能還會花上半天時間。新興的「QB HOUSE」就是因為成功地滿足了顧客希望縮短剪髮時間這方面的需求，而創下這樣的成功典範。

## 以單一價格製造遊戲感覺

「咦，這個也才一百圓啊？」店裡到處都聽得到這樣驚訝的呼聲。

這就是「一百圓單一價格店——大創」。

雖然店裡可以看到寫得很大的「全部一百圓」的字樣，但是還是不斷有人向店員詢問商品的價格。

「我們的店是一個享受一百圓價值的開心劇場」。

目前已經有一千家商店，以每個月增加三十家店的速率，急速開設店鋪的大創產業社長矢也博丈表示，「一百圓的提案」就是他生意成功的秘訣。

連鎖店是從一九八七年開始開設。剛開始大多是在商店街上的小型店鋪，但是最近卻有逐漸往郊外的大型購物中心發展的特徵。引進這種店對於有著設櫃店數不足或是營業額下降這種煩惱的大型超市來說，因為本身有聚集主婦或高中女生的絕佳集客力，因此相當受歡迎。甚至有些還進駐百貨公司，以價格取勝的這種店跟擺滿高級名牌商品的精品店比鄰而居，此種以往被視為「罕見」的情況，也慢慢地變得愈來愈普遍。

這樣的商店會開始開設大型店卻有它背後的理由，那就是這家店在商品方面的強勢。從文具到日用雜貨、各種零食點心，甚至盆栽。在群馬縣的那家店裡，甚至賣場裡還有專賣當地特產的區域，從賣場當中就可以看出地域性。

賣場當中的商品品項也有一萬八千多種，其中有八成左右都是自創的商品。其實這個連鎖店突然展現出異軍突起的態勢，和店內的商品品項數目出現顯著成長的時期的一致，應該不只是偶然。

一百圓這樣一個銅板，居然可以讓人享受到這樣的樂趣，這種魅力感覺上就像孩子進到了遊樂園一樣。這種生意所提供的幾乎可以說是一種購物的樂趣。

其實這門生意並不是在剛開始的時候，就進行得很順利。事實上很多人對於一百圓單一價格的東西，都抱有所謂「便宜沒好貨」的印象；其實「大創產業」當初也曾經為這個問題所苦，但是他們卻以大批進貨解決了這個問題。

因為總數達一千家店鋪的採買力量，是他們手上所握有的非常強力的武器，而且因為這樣的集中大批進貨，使得他們可以請廠商專為他們製作出專用的商品，因此才能成功地生產出讓人幾乎不敢相信只要一百圓的商品。

所有的進貨都是以一百萬個為單位，在現在這種經濟不景氣的時候，這樣的客戶對製造商來說，當然也是重要得不能再重要的大客戶，因此合作的廠商也比較願意來站在他們的角度，盡量想辦法讓商品可以維持在都只要一百圓的價格。

心裡已經想好要買什麼東西的時候才去買，這種有目的性的購物也是購物行為的一種，但是像這種，會讓人覺得很驚訝說，一百圓居然可以買到這樣的東西，結果不由自主地打開錢包購買的策略，這才是所謂行銷的技巧。

就算稍微貪心一點，想要多一點，也不過是一個才一百圓的好奇心而已。

這就是提倡新的購物樂趣的「大創產業」的勝利。

## 讓人會不由自主地想買的商品構成

我想，會去「一百圓單一價格店，大創」購買生活必需品的應該不多。

或許也有人是想要買什麼東西的時候，會先到單一價格店去逛逛，心想說如果真的剛好有自己想要的東西的話，就可以撿到便宜。但是大部分去逛一百圓單一價格店的人，應該都還是去「看看有沒有什麼好玩的東西」，要不就是去「找一些新奇有趣的玩意」的這種人居多。

就是這種，反正「閒著也是閒著」的心態。

我想絕對沒有人是因為非常想買某樣東西，然後存錢存了很久，好不容易才拿著一百圓走進店裡的。

就是因為必須的東西大概都有了，所以在沒有特別的提案的情形之下，大家不會再主動地有想要購物的慾望。

像從最近幾年的暢銷商品當中就不難看出，流行的「電子雞」也好，「照片貼紙」也好，或是像耐吉推出的「氣墊鞋」，特別是這些以年輕人為主的商品，很少說是絕對必須的商品，大部分都是像這種以刺激大家的玩心為主的商品。

和一百圓單一價格店一樣，「無印良品」和「SONY PLAZA」也是以這種像消費者提案的方式，成功地吸引許多消費者不由自主地打開錢包進行購買。

「無印良品」也是在最近店數出現急速成長，現在已經有超過兩百五十家店。營業額七百三十億圓，獲利七十億圓，年利潤成長率高達百分之二十五。他們之所以有這樣的成長，主要的關鍵就在於他們的商品開發能力和庫存管理。店裡賣的商品從食品到衣服，甚至連腳踏車都有，商品的品項至少有超過三千六百種，不過他們卻在最經濟的情況下，選擇最適合的地方來生產這些產品。所以店裡賣的商品當中有超過一半的商品，都是在全世界二十五個國家生產，之後再進口進來的。

要怎麼樣才能讓每家店的庫存都不多不少呢？確立這樣的一套系統，事實上是關係到公司獲利的一個關鍵性問題。在這方面，他們除了在博多、神戶、千葉都各設有一個物流中心之外，在最大的生產進口國，中國大陸，也設置了一個倉庫，以這樣的方式來徹底管理庫存，盡量提高庫存的效率。

沒有品牌的商品，在泡沫經濟剛崩潰的時候，因為和全國性的品牌商品相比，價格要便宜得多，因此一時曾經是許多廠商的最愛，但是不久之後，很多當初開發此種商品的百貨公司或超市的自有品牌，卻又逐漸從市場上消失。雖然一開始的時候因為價格便宜而大受歡迎，但是當全國性的品牌又逐漸開發出具有更高附加價值的商品與之抗衡時，消費者又回到這些商品的身邊。而這時候比較不具開發能力的無品牌商品又找不到其他和品牌商品對抗的接點，所以很多廠商就這樣在市場上銷聲匿跡，這是到目前為止最常見的模式。

但是「無印良品」強調的不只是價格，同時還提倡一種簡單樸素的生活方式，以及他們對材料的堅持，這些包含企業的理念這種種因素加在一起，才使他們獲得廣大消費者的認同，這樣說相信大家就比較容易理解。因此每次去到店裡都會看到不同的商品以及不同的生活提案，這種店基本上就可算是具備了成功的首要條件。

以同樣的方式保持生意興隆的，還有另外一個例子，那就是「SONY PLAZA」。受到廣大女學生和上班族女性歡迎的這個連鎖系統，已經有三十家以上的店面。

「SONY PLAZA」的商品最主要的特徵就是有進口的雜貨類。很多在日本看不到的奇特設計，或是一些很有趣的小東西，都是他們在進口商品時的一個重要方向。因此在種類豐富這一點上面，可以說是和「一百圓單一價格店」或「無印良品」都很相似。從化妝品到文具、吃的小點心到內衣，這些商品都集中在同一個店裡，來到這裡的客人也是，與其說是買生活必需品，到不如說是和同伴們一起閒晃到這種地方，然後在「哇，好可愛喔」的呼聲當中，不知不覺地就提昇了這裡的營業額。由此可以發現，在這些商店裡，關於商品的提案能力才是關鍵，年輕人的採購人員一邊意識到消費者的喜好，據此持續不斷地引進新的商品。

在很多「SONY PLAZA」店裡，結帳的櫃檯都是位在店中央的一個圓形櫃檯，據說這也是因為考慮到有很多人都會在排隊結帳的時候，不小心多看到一個什麼，結果就又多買一兩樣的情形而做的特別設計。這裡的客人不像在超市，東西買完結完帳之後就會馬上離開，據說這裡的很多客人，結完帳之後都還會在店裡繞一下，稍微逛一逛。

同樣是「閒著也是閒著」，但是現在這個時代，果然已經是一個依賣方的提案能力不同，而可以出現相當大的差別的時代。

## 將提案訴諸感性及生活方式

所謂「賣東西」，在現在這個時代，與其說只單賣一項商品，倒不如順著時代的潮流或是消費者價值觀的變化，以整個生活方式的型態來向消費者提案。這樣或許可以創造出讓消費者連周邊的相關產品都一次購足的可能性，更拓展本身商業的範圍。

一個最簡單的例子就是葡萄酒。

在一片葡萄酒的熱潮當中，從一般的菸酒專賣店到便利商店，葡萄酒的營業額幾乎都在成長，很多店家在一九九八年的出貨量，都比前一年幾乎增加了一倍。但是在這當中，想到不光只是賣酒，而是應該要販賣整體葡萄酒文化的，應該要算是百貨公司。

其中又以「伊勢丹百貨」的本店，在擴張葡萄酒賣場之後，僅葡萄酒的業績比前一年成長了三倍多，而且還不光是如此，他們還把可以一起搭配葡萄酒的乳酪、烤牛肉、法國麵包等等的賣場都結合在一起，甚至連看起來好像跟葡萄酒搭不上什麼關係的日式食材，都用張貼「這種食品適合搭配這樣的葡萄酒」的大型提案式海報，開始以徹底強調和葡萄酒的關聯性的方式來販售。比如建議「魚卵適合搭配布根地的夏多內」、「炸的東西適合搭配法國隆河地區的艾米達吉」、「豬小排適合搭配義大利的巴洛羅」等等。

另外在地下的食品賣場，也增加了像葡萄酒杯以及乳酪刀等等用品，甚至在一九九八年秋天，還邀請知名的侍酒師田崎真也等人到現場舉辦「一九九八葡萄酒生活」這樣的活動，展開此種「推廣葡萄酒文化的行銷」。在這個活動期間，連一樓的絲巾和雨傘的賣場，都佈置成一片酒紅色，希望能向喜愛葡萄酒文化的消費者，強烈地傳達出「流行的伊勢丹」這樣的訊息。

在其他百貨同業一片業績急速下滑的情況當中，「伊勢丹百貨」在一九九八年九月中期不但營收增加，連獲利都增加了百分之三十二。我認為，像這樣以清晰的提案，不僅是在流行服飾方面，甚至連食品方面都強調「流行的伊勢丹」這樣的形象傳遞，才是造成這種結果的原因。

## 倡導新流行的提案

最近年輕女性的上班服裝開始產生了變化。無袖的針織衫、拖得長長的裙子，或著是比較輕便的長褲都逐漸增加。

還記得以前年輕女性穿去上班的服裝好像都是襯衫、窄裙那種紐約式的風格為主，但是現在在早上上班的通勤電車裡，居然可以看到年輕女性的穿著打扮，感覺好像是要去約會一樣。

開始提倡這種新的上班服裝的是「WORLD」的「INDIVI」品牌，他們還替這種服裝取了個名字就叫做「次世代上班服」。

「到目前為主的上班女性服裝，都是以前一個市代的年輕女性的想法所做出來的上班服。但是那樣的服裝對於之後即將要成為新的上班族的年輕世代來說，我們認為他們可能不會接受。」負責這個品牌的見輝先生做了以上這樣的說明。

第二次世界大戰後的嬰兒潮，也就是所謂的團塊世代，現在幾乎都已經從大學畢業，要不就是已經即將要超過二十五歲，已經進入社會的年齡層。

「WORLD」在二次世界大戰後的嬰兒潮還在十幾歲的時候，就開始發展出「O•Z

•O•C」這個品牌，試圖以具有法式流行風格的休閒服裝來影響這些年輕又富感性的女孩，結果這個品牌在發展了五年之後，就成長為年營業額兩百億圓的大型品牌。

隨著「O•Z•O•C」這個品牌愛用者成長，「WORLD」預期她們應該會想要穿同樣較具休閒風格的上班服，所以接著開始提倡這種新的「辦公室休閒風格」，這樣發展出來的品牌就是「INDIVI」。

「INDIVI」從一九九六年春天開始以來，這兩年都有不錯的成長。特別是在一九九七年秋天開始，因為冬天天候暖和，使得整個大衣的業績大受影響的時候，「INDIVI」的大衣銷量卻比前一年增加了三倍，賣了兩萬七千件。現在「INDIVI」還是不斷地提倡透明的素材，或是經過特殊加工的一些材質，用這些來設計出一些新鮮有趣的商品。

根據「WORLD」宣傳部的小宮典子小姐表示：「在宣傳方面，用了很多請國外的流行雜誌專屬攝影師所拍的照片，花了相當多的心血。因為年輕人的流行風潮相當快，所以我們必須要更搶先他們來提倡新的流行。」

小宮典子小姐強調提案時不可或缺的「速度感」。

的確，想要把容易被聯想成內衣的小背心式的衣服，推廣成為大家上班穿的服裝，如果沒有相當的情報發布能力，恐怕消費者也不會對這樣的服裝有反應。創造出新的商品，然後在短期間內製作完成，接著還要把這樣的東西推廣讓大家知道。這需要有和高科技產業一樣的新創意才能夠完成，對我們過去所了解的紡織產業的老舊印象有相當大的差異。

「WORLD」旗下的「O・Z・O・C」或「INDIVI」這些品牌，都是目前所謂的「SPA型」，這正是流行服裝業界在提案形式所產生的商品受到歡迎之後，因而相繼引進的新制度。

所謂的SPA，是「Special Store Retail of Private Label Apparel」的略語，翻譯過來就是「販賣公司原創企劃品牌的服裝製造銷售專門店」。也就是，把公司自己設計生產出來的產品，放在自己公司的店裡販賣的這種從生產到販賣都維持一貫經營的方式。這種「SPA型」的最大特徵就是，公司可以迅速地掌握到消費者口味的變化，同時在最短的時間內作出回應。比如在週末結束之後，分析週末的營業報表，就可以馬上知道哪種商品銷得最好，然後馬上把這個消息傳給工廠，在下下一個週末之前，先前向工廠追加的暢銷商品就可以馬上陳列在店頭，做出快速的回應（Quick Response）。

過去紡織產業都習慣在冬季製造夏季的產品，夏季則是要製造冬季的產品。如果是這樣的話，生產線上生產的永遠都只是在延長前一年流行過的東西，如果消費者的喜好發生大幅變化的時候，就有可能會產生很多賣不掉的存貨，而且還會因為這樣而產生資金無法迴轉，必須要支付利息等這種經營上的負擔。但是相較之下，現在的這種快速的回應（Quick Response），因為可以在掌握到流行的潮流之後再生產，比較不會有和市場口味相差太多的產品，也可以讓店頭陳列的隨時都是最流行的商品。就是因為這是一個消費者的口味轉變極為快速的時代，所以這種和消費市場的口味緊密結合在一起的快速回應（Quick Response）系統，遂變成現今不可或缺的新潮流。

## 故事性行銷法

SPA雖然因為是自家公司所生產的產品，具有易於向消費者提案的優點，但是另一方面，可能發生銷量不佳的風險，也會對公司帶來非常大的負擔。所以這時候需要的就是，怎麼樣讓商品全部賣完的功夫。

在全國開設七十多家店面的SPA型女性服飾專門店「洛伊斯克雷翁」，在經營方式方面，放棄曾經採用過的加盟店型態，全面改制為直營店，另外為了要使商品構成概念更明確，而採用了「故事性行銷」的手法。

把故事的主角設定為一位芳齡二十三歲的洛伊斯•克雷翁。她的父親是英國人，母親是日本人，她本身則是一位作曲和演奏家。

當然這些都是虛構的情節，但是連在這家公司的簡介上都可以看到克雷翁家族總共七個人的照片，公司在創造這些情節方面，可以說真的是非常用心。

所以在店裡所販賣的服裝，就設定為她的衣服，連在店裡放的背景音樂，都設定為洛伊斯•克雷翁的作品。

這是一種透過把假想的主角人物家族的概念都明確地表現出來，而進行整體商品印象提案的方式。

在這個前提之下，結果是「洛伊斯克雷翁」絕對不打折，希望吸引來的是能夠理解有著這樣的品牌概念設定的消費者，就算萬一商品都賣光了，也希望能讓客人有一種，希望下次能夠買到的那種傾羨的情緒。

因為如果商品都是為了準備給洛伊斯•克雷翁這樣一位女性穿的話，大量就變得不合理了，就是要以強調稀少性的方式，來和以往「到了折扣季就會打折清倉」的這種做法作區隔。

賣不掉所以就便宜一點賣，如此，消費者會失去對價格的信賴感，反而會降低消費者購買的意願。為了切斷這種負面的連鎖反應，就需要花心思想出新的提案，從這個例子當中我們可以清楚地了解到這樣的訊息。

## 以電視廣告創造新市場

「那是七年前的事了。剛開始是我們的廣告商告訴我們說，待會會播放我們公司的廣告，所以才坐在電視機前面。那剛好是很多食品類廣告最集中的中午時段。我們的廣告被夾在三得利（Suntory）和豪斯食品（House）之間。那真的是很丟臉。好像第一次參加全國高中棒球比賽的鄉下小學校，被夾在最強的兩隊中間出場一樣」。這是公司位於梔木縣，在醃製醬菜業界擁有最高營業額的「岩下食品」的岩下邦夫社邊笑邊說出來的；就是以「岩下的新生薑」，這個讓人印象深刻的廣告，一舉打響知名度的公司。

在日式食品當中最主要的四個領域，酒、味噌、醬油，以及醃製醬菜當中，除了醃製醬菜之外，在全國從事其他三種產業的中小企業幾乎都已經完全被併吞或淘汰，可以說是完全被少數大型品牌獨占的市場；但是在醃製醬菜這一方面，全國卻還有約一千八百多家公司在進行激烈的競爭。

在日式食品市場因為米的消耗量減少而萎縮的同時，「岩下食品」卻是在這二十年來，獲利持續增加的超優良企業。

「開始電視廣告之前我們的營業額約為六十億元左右，但是當知名度一舉提昇的時候，現在的營業額可以達到八十八億圓，現在的目標是希望能早點達到一百億。」

岩下社長表示，因為賣不出去才來做宣傳是很沒道理的，就是因為賣得最好所以才更應該要做宣傳。而且他認為，在電視上打廣告的公司應該要有責任。所謂的責任，指的當然是品質。因為使用的是天然素材的農產品，所以在品質方面當然也比較容易良莠不齊。但是又必須要讓懂得吃的消費者經常都覺得「好吃」才行。

所以「岩下食品」為了解決這一方面的問題，開始朝國際化發展，從昭和四十年代開始，就率先開始在國外設置生產據點。同時因為日本國內的農業人口銳減，生產者的數目也跟著減少，所以他們開始到亞洲各國去，教導他們使用日本的方式來耕作，造出完全合乎規格要求的製品。

他們判斷，若要擴大生產，就一定要把日本的種子帶到適合的產地去，然後以日本的技術來指導他們在當地生產。

這樣花了三十年時間所架構出來的「農產品工廠網路」，在中國耕種辣椒和梅子、到台灣和泰國耕種生薑，除了採取這種先找出最適合每樣產品耕種的土壤和氣候，再在當地耕種的這種因地制宜的方針，同時還把各地可能發生的國情不安以及天災人禍等風險都考慮在內。這才是造成公司今天會有這樣顯著成長的最主要原因。

因為電視廣告而突然知名度大增，媒體在這方面的過分報導，反而模糊了焦點，造成一種只要公司有知名度產品就會賣得好的假象，其實那是錯誤的。

就算公司再怎麼有名，拓展再多的新客戶，倘若品質沒有跟上這樣的水準，或是供給趕不上市場需求的話，結果應該還是會使風評變差。

「原料，也就是我們所使用的素材雖然是在國外製造的，但是我們卻把這些素材帶進國內，用顧客會喜歡的方式來進行最後的調味工作，這一部份是在日本國內完成的。」

岩下社長表示：「醃製醬菜還是一個年輕的行業」，在物流跟零售方面都還有很大的改善空間。透過和知名超市以線上作業的方式掌握銷售情報，同時好不容易才做到可以根據他們的要求來提供足夠的商品，這才稍微讓這個行業有一點進化到近代產業的樣子，但是這一切可以說都還只是剛起步。一些沒辦法跟上大企業這種情報系統的中小型醃製醬菜業者，接下來才真的是要面臨到通路愈來愈狹隘，結果終將被淘汰出局的窘境。

「岩下食品」最近因為推出了所謂「提案型」的電視廣告而相當受到矚目。

比如說在廣告中提倡「鰻魚跟新生薑」的這種組合。要不就是在超市裡，把自家的商品放到鰻魚甚至牛排的賣場旁邊一起陳列，開始這種連動型的販促手法。

把以前就存在的醃製醬菜這種商品，先是從國外進口素材，接著用物流情報系統來和賣場連線直接掌握銷售情形，再輔以電視廣告的強力促銷，讓這種商品完全改頭換面成為新商品。

「岩下食品」朝二十一世紀努力前進的策略才剛開始。

## 如何讓提案的訴求被接受

「岩下食品」在架構出包含國外的農產物產地、以及加工工廠在內的供給體系和品質管理系統之後，再輔以集中的電視廣告，一鼓作氣地確立梅子、生薑、辣椒這所謂的「醋醃三品」的品牌，使得營業額大幅增加。

雖然剛開始的第一個廣告，只是作出和其他知名的食品廠商一樣的嘗試，推出了一個廣告；但是廣告的內容慢慢變得更洗練，同時成功地在反覆訴求當中，引起了消費者的目的性購買，甚至指名購買。因此才能成功地在總數一千八百家以上的醃製醬菜業者當中，大幅提高公司的知名度。

這也讓我們又再一次地深刻感受到電視廣告的威力。

雖然電視廣告的確有像集中投炸彈般的威力，對於在短時間內提昇商品的知名度有相當的效果，但是消費者卻不一定會光因為這樣就去購買這項產品。

在這一方面，「花王」的市場行銷策略就相當值得大家參考。

提到「花王」，事實上花王在電視廣告方面所投注的金額也經常都是在企業排名前十名，但是在這種「集中投彈式」的宣傳之外，他們還同時並用了和這種方式幾乎可以說是完全背道而馳的「游擊戰」，達到讓顧客確實購買產品的效果。

那就是「口耳相傳戰略」。

比如說像近年非常流行的商品，「除塵輕巧刷」的訴求方面，花王就以大都市為中心，針對主婦們展開宣傳戰。

派人到美容院、醫院、甚至寵物店等地方去，免費提供這種拖把讓大家實際試用。希望在讓消費者發現，這種拖把真的可以很方便地去除地上的污垢之後，能夠把這個訊息告訴更多其他的人，同時也希望讓聚集在現場的人，在親眼確認這種工具的效果之後，會立刻產生想要購買的慾望。

結果這種商品在一九九七年推出之後，立刻成為暢銷商品，於是花王針對接卜來的汽車用清潔劑產品「貝哥」，也採取了同樣的宣傳手法。在進行全國發售之前，把這項產品免費提供給福岡的個人計程車協會試用。

這個「貝哥」清潔劑，由於含有一種特殊的成分，可以把車體上附著的污垢整個包覆起來，然後讓污垢浮在車體表面，使用者只要再用乾布把這些污垢擦拭掉即可，是一種前所未有的革命性產品。不過就是因為這樣，所以公司希望讓一般人都看到，連以開車為業的人都在使用這種產品的情形，希望能透過這樣的訊息傳達，讓一般消費者知道這種清潔劑不會傷害車體，而且能夠非常簡單地去除車體的污垢。

換言之，就是一種口耳相傳的行銷策略。

這可以說是花王最擅長的手法，過去在推出洗衣粉「一匙靈」的時候，也曾經從一起送小孩上幼稚園的家庭主婦們當中，事先選定一位主婦，然後讓她在話題中提到新的洗衣粉，「對啊對啊，現在在超市賣的那個叫一匙靈的洗衣粉，真的可以把衣服洗得很乾淨耶！」

主婦們已經先從電視廣告上看到這種新商品的名稱，同時她們也知道超市就有在賣這項商品。

但是她們原本使用的也是用得相當順手的洗衣粉，而且對於新商品也有一種，「不知道到底是不是真的好用」的不安全感。這時候如果身邊的朋友這樣說上一句，就可以讓主婦們放心地作出決定。這種心裡尤其當產品是會和皮膚產生接觸的東西的時候，更是顯著。大家都很擔心如果萬一產品不好的話，可能會產生令人不堪設想的後果。

「花王」底下的化妝品品牌「SOFINA」，也常會讓高中女生先試用，然後讓她們來宣傳產品的效果，用這種以口碑的方式來宣傳產品。

先由身邊認識的人的一句話開始，然後到了賣場就有強而有力的專業服務人員來作詳盡的說明，去除消費者心中仍存的懷疑，花王就這樣針對女性的心理，展開了一場長期的心理戰，以漸進的方式去除她們心中的餘慮。

「不管商品再怎麼好，如果這個訊息沒有讓消費者知道的話，產品還是銷不出去。就算再怎麼樣作廣告大肆宣傳，提高產品的知名度，但是這項產品到底適不適合自己的皮膚，那又是另外一回事了。所以實際上在賣場了解客戶問題的專業服務人員所說的話，就具有非常重大的意義。這些專業人員用她們本身使用產品的經驗來告訴顧客，這樣的經驗之談所具的說服力，會在顧客決定是否購買時發揮相當大的功效」。

「花王」個人事業本部的副部長野村猛這樣表示。

舉例來說，皺紋一直是女性最大的敵人之一。

「實際上和皺紋已經發生很多的四十歲以上的女性相比，通常反而是拼命工作的三十歲前後的女性，當她們有一天攬鏡自照的時候，突然發現自己臉上的皺紋，然後在驚訝之餘就會想要遏止這種情形的繼續惡化。因此對於這樣的潛在顧客來說，我們是先用電視廣告強化產品的印象，然後當她們進到賣場的時候，再以專業的服務人員所提供的詳細說明來使她們進一步地購買產品。我們就是用這種方法，讓『SOFINA』所推出的『SERATY』這款商品，成為暢銷商品」。

這是花王的行銷組長櫻井惠子小姐所作的說明。

「這項商品有分成『液膠狀』和『薄膜狀』兩種，『液膠狀』可以在臉部任何部位使用，但是『薄膜狀』只能在貼在皺紋比較容易發生的眼部和口部周圍，做集中式的處理。在電視廣告當中的台詞是『我會變得更漂亮』，然後由藝人森口博子廣告當中把使用薄膜狀的產品，把它貼在皺紋比較容易發生的部位。這隻強調視覺效果的廣告，似乎的確讓消費者留下深刻的印象」。

這招果然奏效。

根據實際對購買『SERATY』的消費者所作的調查發現，有一半以上的消費者的年齡層都是從二十幾歲到三十五歲左右。

「如果已經是超過五十歲的女性，可能覺得皺紋已經是無可避免的，因此乾脆放棄的心態也會比較強烈，但是也有許多年齡層較高的消費者，因為聽到其他人對這項產品的效果相當稱讚，因此她們對這項產品也慢慢開始有反應」。

這是野村猛副部長所作的補充說明。

到處都聽得到東西賣不掉的嘆息和抱怨。

不做任何努力，東西就會賣得很好的時代已經過去。現在這個時代，賣方要如何去誘導消費者，說服消費者，都變得比以前更為重要。

大家常說要掌握住消費者的需要。

但是往往消費者不會主動來告訴廠商說：「請製造出這樣的商品」。

這也就是說，消費者的需求經常都是潛在性的，愈是這樣，賣方愈需要主動發覺出這樣的需求，讓這樣的需求浮出表面，然後去告訴消費者說：「這種產品很方便喔，可以幫得上很多忙喔」才行。

這就是為什麼誘導消費者這麼重要。

『SERATY』之所以會成為暢銷商品，就是因為它發掘出認為「皺紋反正也去不掉，不如乾脆算了」這些消費者的潛在需求，因此這項產品上市兩個月之後就創下了銷售一百萬份的驚人數字，而且之後銷售額還在繼續成長。

## 直接以樣品來誘導

先前曾經提到過「岩下食品」和「花王」，都是非常強調電視廣告的廠商。

在提到「花王」的時候也講到，光是靠電視廣告還是不夠。怎麼樣讓電視廣告的效果可以直接連結到商品的販賣的時候，顧客的「口碑」以及說明式的銷售時所產生的直接力量，就變得相當重要，相信許多企業都會同意這一點。

在這裡我還要舉一個這樣的例子。那就是因為在電視廣告中請到高爾夫明星，老虎伍茲首次擔綱演出，因而在一夕之間聲名大噪的「朝日飲料」旗下所生產的罐裝咖啡「WONDA」。

「罐裝咖啡和其他飲料之間最大的不同就是，它是一種在『工作的時候喝的飲料』。這是一種在覺得有點累的時候，需要稍事休息的時候出現的，具有『療效』的飲料。所以我們在選擇產品代言人的時候，選擇的都是像矢澤永吉（譯註：日本知名的男性歌手）、明石家秋刀魚（譯註：知名節目主持人）、隧道二人組（譯註：知名節目主持人）這種年齡層比較稍微高一點的藝人，這些代言人都獲得蠻多消費者的認同。但是「WONDA」之所以選用年輕的新銳，老虎伍茲，就是希望能夠表現出那種，『接下來要好好加油』的印象。換句話說，也就是想要傳達這是一種『向前邁進的罐裝咖啡』的感覺。

行銷部商品企劃課的課長，池田史郎先生認為，「WONDA」之所以成功的第一個要素就是因為創造出這樣的品牌形象。

事實上，「朝日飲料」想要的是一種「向前的轉機」。

「朝日飲料」旗下雖然握有碳酸飲料的「三箭」、果汁飲料的「巴亞利斯」這些歷史悠久的品牌，但是在佔清涼飲料消費量高達四分之一的罐裝咖啡市場上，卻一直被其他廠商的知名品牌如「喬治亞」、「BOSS」等遙遙領先，在起跑點就已經比別人慢半拍。

相信大家對同屬關係企業的「朝日啤酒」，曾經在不久之前以「SUPER DRY」扭轉低迷的業績，創造出日本飲料業界神話的例子，一定都還記憶猶新。於是為了要重現這樣的神話，他們開始訂定「WONDA」的作戰計劃。同時還特別請到「朝日啤酒」的松井康雄經理來坐鎮指揮。他就是「SUPER DRY」在一九八七年上市時，擔任市場行銷部門經理的重要人物。

但是在這個時常有新商品推出的罐裝咖啡市場，光是靠品牌印象是沒有辦法讓消費者產生持續性地消費。因為這種產品的市場本身已經相當成熟，因此他們就開始考慮，要如何才能讓一個禮拜要喝五瓶以上罐裝咖啡的咖啡「癮者」，來支持這個新商品，同時讓他們對這項商品愛不釋手。

負責進行這項調查和研究的是飲料研究所的副課長，澀市郁雄先生。

「最常喝罐裝咖啡的是二十五到三十歲左右的年輕男性。我們深入地去分析了這些消費者對於罐裝咖啡的口味要求。要喝起來順口但是口味又不能太淡，喝下去覺得很舒暢，但是又有濃厚的風味。要如何把這種消費者對口味的要求，表現在商品上呢?這個問題困擾了我們很久，最後的結論是，要從罐裝咖啡的製造方法開始徹底地來解決這個問題」。

澀市先生最後採取的是一種被稱為「抗酸化低溫抽出法」的製法。為了要能在不殘留苦味和澀味的情況下，萃取出咖啡的香味，必須慢慢花時間來進行咖啡的烘培。同時還要避免使用因為容易殘留澀味，而有損餘味的高溫抽出法，改用溫度較低的滾水抽出法。因為這樣的製法比較費時費工，所以製造成本當然也比較高。不過還好所有的工作人員都一致認為，這樣應該才比較能符合罐裝咖啡「癮者」對品質的嚴格要求，所以產品在品質方面一定要提昇，否則只有死路一條。

於是新商品就這樣上市了。

但是這樣信心滿滿的作品，如果不介紹給消費者知道也是枉然。所以「WONDA」就沿用了「SUPER DRY」曾經使用過的手法。那就是徹底地大量散發樣品。

散發樣品的對象包括罐裝咖啡的「癮者」，職業司機等等，以及從一般消費者當中選出來的對象，總共接受過免費試飲的人數約為三百五十萬人，試飲時間則集中在產品上市前的一個月，準備在一九九七年九月推出的這項產品，在上市之前就開始這樣大規模的促銷戰。

過去「SUPER DRY」推出的時候，也曾經做過一百萬人的試飲大作戰，結果因為這些先以免費試飲的方式所吸收到的消費者，後來都有再回到店頭去指明購買此項商品，這種手法因此幾乎成為促銷新商品時的一種不成文的規定，不過三百五十萬人的確是一個空前的數字。

「WONDA」從上市之後的累計出貨量一年有兩千萬箱，成為成績傲人的暢銷商品。一邊用電視廣告提高消費者對產品的認知，另外一方面再以提供免費試飲的方式讓消費者採取購買行動，這個產品的確可以說是一個，在使用這種手法方面相當成功的案例。

浪費無謂的子彈是絕對不會成功，那已經是當然的事實，但是事實上，現在這個時代，就算是把所有資源都用在刀口上，還是有可能會失敗。這之間的差異，我認為主要就在於是否有讓消費者確實了解到產品的優點。

以散發樣品的方式，讓消費者最起碼先確認商品的好處，這樣的作業做起來雖然相當辛苦，但是這種方法卻也可以說是，要使產品成功時不可或缺的一種手法。

## 「秀」的方式也需要創意

因為工作上的關係，我每個星期都會到名古屋的電視台去。

有一次在名古屋賣特產的店裡，發現到一個可以用來作為行銷學上的例子。那就是知名度相當高的「伊勢赤福」。

像我這樣從東京來的人，為什麼會知道有這種叫做「赤福」的，用紅豆包起來的麻糬？結果我想到了，就是因為在那個車站的商店裡看到的那種「堆高式的陳列方式」。

他們平常也都一直是這樣子把產品堆高。

和其他的商品比較起來，堆得特別高的陳列方式的確特別會引人注目。後來我覺得他們這種堆高的方式，可能並不是剛好我看到的時候才是這樣，或者他們是一直刻意要讓產品以這樣的方式陳列，對此我還曾經在我參加演出的電視節目裡討論過這個問題。

結果後來發現，「赤福」請每家車站裡的商店都要以二十盒為一個基本的數目，然後這樣把產品堆高起來陳列。這樣做最大的理由，當然第一個就是因為能夠引人注目。想要在空間小的地方吸引人的目光，最有效的方法就是把東西堆高起來。因此聽說這項產品的業務員，每天都要把所有的店全部巡過一次，然後拜託這些商店能夠盡量讓商品維持堆積成這種高度。

另外我所推測的另外一個理由就是，為了要「製造出新鮮感」。因為這種「赤福」是一種柔軟的麻糬，大家會覺得如果久了，吃起來就會變得比較硬。所以廠商這邊，應該就是因為希望盡量讓客人感覺說這些都是才「剛到的新貨」，所以才會這麼重視商品的陳列，堅持要維持這種堆高陳列的方式。

以前我曾經做過在超市的生魚片賣場，架設攝影機來觀察生魚片銷售情況的報導。結果發現當氣溫是在二十五度以上或以下，對於生魚片的銷售情形有相當大的影響。有趣的是，當冷藏櫃裡的生魚片漸漸賣掉，如果只剩最後一盒留在櫃子裡的時候，這一盒一定賣不掉。因為當生魚片一盒一盒地賣出的時候，大家會覺得是，因為生意很好，東西一下就賣完了，所以這裡的生魚片一定也很新鮮；但是當只剩最後一盒的時候，這時候大家會覺得這一定是「賣剩下的」，所以突然之間接近冷藏櫃的人數就會變少。

從這樣的一個例子就可以充分顯示出，消費者會因為心理上的因素而採取不一樣的行動。

就是因為這樣，所以賣方需要用心去誘導消費者。故要如何才能讓消費者接受。這才是決定勝負的關鍵。

# 第七章 何謂集客軟體

## 如何吸引人潮

大型購物中心不斷地出現。

隨著大店法（大規模零售店舖法）的限制日趨寬鬆，因此在這幾年當中，雖然不景氣依然持續，但是大規模的購物中心卻一直不斷地出現，於是，大型購物中心彼此之間，以及和現存的商店街之間，就展開一場劇烈的顧客爭奪戰。

如果是造成相當話題的大型購物中心的話，開幕當天，就會吸引很多客人遠道而來。

但是大部分的大型賣場，開店之後再怎麼看，來客數最多的也只有開幕當天。從第二天開始來店客數就會不斷地減少；等到過了一個月、三個月、半年、一年之後，隨著時間的增加來客數也一直遞減，想要煞車都煞不住。

如果從店長的角度來看，可能也會因為擔心不知道哪一天商圈內又會有新的購物中心開張，客人是不是又會更少，結果弄得戰戰兢兢覺都睡不好。

有一天這個惡夢終於變成事實。

附近又開了更大的購物中心，從廣到令人難以相信的地方吸引來更多的顧客，於是原本的這家店就只剩下小貓兩三隻……。

這樣的事情一再地重複發生。

想要和既存的店鋪對抗的話，可能就必須擴大賣場面積，或是重新裝潢；但是如果一直在規模上競爭的話，永遠都競爭不完，大家都變成過大的店，結果就是一起宣告倒閉。

經常走在商店街的時候，都會聽到很多人說「附近又開了大型賣場」，然後把生意不好的理由都歸咎於「大賣場」。但是在我看來，大型超市彼此之間的競爭遠比商店街的競爭要來得激烈得多。

為什麼這麼說呢？因為大型超市彼此之間的競爭，除了比規模之外，其他的競爭方法比較有限。因為大部分的商品都是全國性的品牌，而且都是由總公司統一進貨，就算不同的大型超市在這方面彼此多少有些價差，但是一般來說，在商品方面並沒有太大的變化。所以這個時候，決定勝敗的關鍵就在於賣場面積，或是停車場面積等等，亦即以硬體來決定勝負；所以面積不夠大的，當然一定就是處於劣勢。

在這一點上，商店街上的零售店，因為在規模上完全沒辦法和大型店抗衡，反而可以用自己獨特的方式來吸引顧客，如何利用店面的設計、商品的構成，或是各種細微的服務等，用這種方式來創造出和大型店鋪不同的「自己的戰場」，和大型店競爭。不過，當然不是說運用這樣的方式就一定能夠勝出，因為此兩者在體制上有著顯而易見的差別這也是事實。但是至少這樣還能在規模、財力的比較之外，發展出一種以創意和個性來取決勝負的競爭，我認為這樣至少還有獲勝的機會。

這種招攬顧客吸引顧客的智慧，我把它稱為「集客軟體」。換個角度想，就算是大型店舖也不能一直無止盡地光靠規模或硬體這樣競爭下去。而是要靠「集客軟體」來一決勝負，就算是大型店舖也是一樣。

主題遊樂園、飯店、餐廳……。不管是什麼樣的地點，什麼樣的店面，如果想光靠硬體來吸引人潮恐怕都會很難。

## 商店街該何去何從

就舉商店街這個例子來說好了。

我經常有很多機會走訪全國各地的商店街，和商店街的那些人談話，於是經常會碰到很多年輕的經營者會問我，「您覺得我們應不應該採取集點制的方式」，或是「我們想在網路上製作自己的首頁，但是不知道這樣會不會有效果」等等之類的問題。

所謂的集點制，就是如果在商店街加盟店當中的任何一家店購買足夠的金額，就可以集一個點，然後根據所集的點數不同可以更換不同的贈品，東京世田谷區的「北烏山商店街」就是因為採取這樣的方式而獲得相當好的成績，因此而聲名大噪。

當然，集點制本身是一個不錯的制度。

或者也有很多商店街，已經開始在嘗試用網路架構出一個虛擬的商店街，然後讓距離很遠的人也可以透過這個方式在那個商店街購物。

但是我覺得，這些都不是可以使商店街起死回生的根本方法。

現在日本全國總共有一萬八千個商店街，其中很多商店街的店數都已經大幅銳減，甚至有些地方的商店街連最基本的生鮮食品都買不到。如果是那種連想要的東西都買不到的商店街，就算集點的制度再怎麼完備，跟顧客說買多少金額就可以集點，也不具任何意義，當然也就無法使客人的數目成長。

再者，若連當地的居民都對當地的商店街所賣的東西感到不滿，因而要往大賣場去購物的話，那就算到了網路上，又要賣什麼給全國的消費者呢？如果說是某個已經有全國性知名度的特定廠商，賣的商品本身也是一種特產，要到網路上透過網頁來進行郵購或網路購物的話，還比較可行；如果連商店街到底要賣什麼、能夠有多少利潤，連這些遠景都看不到的話，這些提案不過只是用來自我滿足而已。

到底為什麼會有商店街的產生呢？

我想商店街應該是很自然地就會有人聚集的場所吧！可能是因為附近有市場，或因為有寺廟，或者是因為什麼其他的理由，總之，有人聚集的地方，才有商店街的產生。

但是現在人們卻都集中到郊外的購物中心，以前的商店街反而都變得門可羅雀。就某種意義來說，這可以稱得上是一種自然地移轉。所以如果想要和自然變化背道而馳，硬把人潮再找回商店街的話，那就一定需要花費相當的精神和精力。

很久以前，當商店街很自然地發生的時候，既不需要其他法律方面的後援，也不需要財政方面的援助。但現在若想要繼續維持已經開始凋落的商店街，就會需要龐大的資金。

但是真的必須要讓商店街保留下來嗎？或許這也是個問題。也有很多例子是，原本在商店街經營店面的人因為眼光精準，所以早就改弦易轍，進駐郊外的大型購物中心，脫離舊式商店街的範圍。

剩下來的一些店家，很多都是沒有人可以繼承，所以也只抱著只要不再增資，讓自己這一代還可以靠這個生活下去就好了的這種心態。

倘若如此，那「東西賣不出去」的真正原因，就不是因為「景氣」的問題，而是商店街是否還需要繼續存在。

我個人所抱持的理論是，商店街必須要繼續存在。

這是我在長期採訪關於阪神大地震的復興之後，深信不疑的事實。

在大地震發生之後，百貨公司或超市或便利商店都沒辦法恢復原本的機能，家庭式餐廳或速食店那更不用說了，放眼望過去，連自動販賣機都沒辦法賣出一瓶果汁。

我在地震發生的當天就立即趕往神戶採訪，結果好不容易吃到一餐像樣的飯的時候，已經是第五天的事情了。

商店街上的一家咖啡店外面貼了一張紙，「提供關東煮定食」。

好不容易才剛恢復供電，水和瓦斯根本都還完全不通的時候，一對上了年紀的夫婦，不知道從哪裡找來了水和攜帶型的小瓦斯爐，把材料蒐集妥了之後，開始賣起「關東煮定食」。

那頓飯非常好吃。是我很久沒吃到的一餐熱食。

等到所有的家庭式餐廳和速食店都恢復營業的時候，已經是好幾個月後的事。

當然，那對老夫婦一定也是因為要顧到自己的生活，所以才好不容易拼了在那個時候營業。

不過再怎麼說，這種事情是領公司薪水的店長或打工的工讀生，絕對不會去做的事；居然街上的商店可以做出來，這讓我非常感動。

其實真正讓神戶的街頭再度活過來的，主要是當時受災程度比較輕微的，以元町商店街為中心的附近一般商店。

我認為商店街其實是每個地區最基本的結構。

當然郊外的大型購物中心的確非常方便，但是這樣的方便性是只有對有車的人，或是可以利用車子前往的人來說才存在的方便性。我認為如果對象是上了年紀的獨居老人，這種便利性就不復存在了。

所以才要在這裡大聲疾呼，希望商店街能夠繼續加油，但是很可惜地，真正能夠讓人感覺到，還在以不輸給大型店的精神，繼續努力不懈的商店街卻已經不多了。

## 高級餐廳應如何吸引顧客

不管是商店街或是其他任何商店，都面臨到必須要盡快開發出一套屬於自己的「集客軟體」，也就是所謂能吸引顧客上門的智慧。

不管是連鎖店或是個人經營的店，只要是生意興隆的店一定都不是出於偶然，他們一定有一套能夠讓人點頭稱是，大嘆「原來如此」的「集客軟體」。

大家都認為外食產業的成長已經停止了。但是以個別的案例來看，還是有很多家公司出現大幅的成長，當然也有業績就此一蹶不振的公司。所以這樣取平均值，然後說成長就此停滯，其實意義並不大。

以現在的情況來看，在家庭式餐廳業界當中，「聖馬克」應該是被歸為出現高度成長的那一組。「聖馬克」是從岡山開始發展，目前已經有一百五十家以上店鋪，營業額達三百億圓以上的連鎖店。有很多人說這是一個「高級」家庭式餐廳，但是實際是上因為他們推出了一個人平均三千圓的高價位法國料理套餐，這個套餐相當受歡迎，他們的每家店都因此而出現排隊的長龍。

為什麼在這種不景氣當中，還會有這麼多人要排隊去這種「高級」家庭式餐廳，而不是到一般普通的家庭式餐廳呢？

仔細觀察來到「聖馬克」的客人就可以發現，很多客人身上又戴項鍊，又拎個手提包，要不就是腳下踩個高跟鞋，都是一些很注重穿著打扮的顧客。

從七〇年代開始流行的「芳鄰」餐廳，其實當初開始的時候，也曾經是這樣的景況，但是現在恐怕已經很少人打扮成這樣去「芳鄰」吃飯。通常都是一件T恤，穿個涼鞋就去了。不光是因為那裡已經被認為是一個很普通的場所，同時也因為大家早已經習慣去那裡了。不過也因為這樣，所以實際上那裡的餐點也不是像法國料理套餐之類的，而是極為普通的義大利麵或是咖哩飯等，這種單價比較低的餐點。

或者可以這樣來解釋，因為「聖馬克」是可以讓大家盛裝打扮前往的地方，所以平均的餐點單價也是「芳鄰」的三倍。

當然，盛裝打扮前往的地方，本身也必須要營造出那樣的氣氛。窗子外面種植了很多植物，連店內都隨處可見很多觀葉植物，還有現場的鋼琴演奏，牆壁上也裝飾了很多畫作，甚至連桌與桌之間的間隔，都要特別寬敞，這樣才能營造出店內寬廣的空間感。

當然他們還做了很多看不到的努力。

要以三千圓的價格提供整套的套餐，必須要從成本上開始控制。

經過他們的調查發現，一般的法國菜餐廳，平均服務一組客人服務生需要在廚房和餐桌之間往返約二十次左右，於是他們就想出，不要讓一個服務生一直服務一桌客人，而是讓一個服務生一次就可以接著服務好幾桌的客人，制定出這樣的服務規範之後，就可以更有效地運用人力資源，同時達到降低人事成本的目的。

另外，到目前為止很多家庭式餐廳都一直為一個問題所苦，那就是當進行魚的解凍的時候，因為都會出水，所以在料理的時候就很難做出好吃的魚。為了解決這個問題，他們開發出獨特的專屬烤箱，只要使用這種烤箱，魚就不會出水，自然就可以調理出好吃的魚。

另外，雖然他們提供麵包吃到飽的服務，但是並沒有因此就專門請一個烤麵包的師傅在店裡。

當客人吃完飯，等待甜點上桌的那一瞬間。才是「聖馬克」集客軟體的真髓。

這時候，服務生會拿著意見調查表過來，然後一定是親手把這個交給客人，據說這樣就可以有很高的回收率。

為什麼一定要在意見調查上那麼執著呢？

他們最想知道的資料是客人的生日和結婚紀念日。因為對於一家人最想要人肆慶祝，想要盛裝出門的生日或結婚紀念日這種機會，一定要好好掌握住。於是，在這些紀念日之前，由總公司統一寄發宣傳單，據說這樣就有相當多的客人會回來消費。

在單價一千圓的家庭式餐廳呈現一片蕭條當中，一客要三千圓的「聖馬克」卻是生意興隆到需要大排長龍。

「聖馬克」成功的背後，是因為他們把「具高級感的空間」當作一個重點，充分掌握住這樣一個不為人知的「集客軟體」的原因。

很多人認為「聖馬克」是因為，捉住了在一千圓的家庭式餐廳和高級的法國餐廳之間的空隙才能藉機切入，不過我卻不這麼認為。

每當店家掌握到意外的需要的時候，傳播媒體就會大肆地以「找到空隙」這種方式大肆報導，聽起來好像都很簡單一樣。不過這都是根本沒發現那裡有個空隙的人所講出來的話，事實上那根本不是什麼空隙，大家應該要了解，其實那是一個沒有被其他人發現的需求。

很多事情往往都是，剛開始可能以為只是一個空隙，真正進去了之後才發現，原來裡面還有很深的學問。

## 以「文化」為關鍵的飲食店集客策略

不光是「聖馬克」，仔細觀察最近一些很受歡迎的外食店就會發現，他們都有一個共通點，那就是在找出自己的獨特性這一方面，花了非常多的功夫。

比如說像高級日本料理餐廳。

光是聽到這幾個字，就會讓人感覺到一種好像一般人都很難以接近的印象。覺得可能一定是沒有菜單，也不知道吃一餐出來到底會花多少錢，且都是一些政治家或是一流的企業家，需要進行什麼見不得人的勾當的時候去的地方。

這對於一般的客人來說，當然是八竿子都打不著，距離相當遙遠的一個地方。不過像現在這樣景氣又差，企業之間的應酬花費也做了大幅的縮減，再加上官僚之間的這種應酬也一直被抨擊，這樣下去，這個行業真的可以說是已經面臨到關係存亡的危機。

不過在這樣的情形之下，還是有一些業者進軍飯店或百貨公司經營餐廳，甚至在百貨公司推出外帶食品的高級日本料理餐廳。他們所作的努力就是，將他們一直以來最「引以為傲」的口味堅持，把範圍更擴大，用更容易讓人接受的價格，讓更多的人品嚐，也就是所謂的「開發新客戶」。

一九九七年十月，東京澀谷的東急百貨公司總店裡開了一家「灘萬孝明」。這是創業於一八三〇年，可以說是最具代表性的日本料理老店——「灘萬」，為了開發到目前為主並不太重視的，從二十多歲到三十歲這個年齡層的客人，所踏出的新的一步。

以「料理的鐵人」（譯註：日本知名的電視節目，在節目中邀請所謂「料理的鐵人」，也就是專精該種料理的大師，接受來自全國各地廚師們的挑戰）聞名的中村孝明先生負責這裡的料理，這家店的主要提供，融合了法國料理或義大利料理的新式日本料理為主。比如說像「鵝肝醬茶碗蒸」或是「酒渣濃湯」等等這些菜色，都相當受到年輕一代的歡迎。

因為已經感覺到再過十年，日本料理可能就會這樣消失的這種危機意識，所以「灘萬」開始放下身段，不再拘泥於高級日本料理，開始陸續嘗試許多大膽的改革。

比如說經常讓廚師上電視曝光，就是這種想法中的一部分。

另外還積極地進駐百貨公司的便當以及外賣賣場，把賣場的廚房用玻璃隔開做成開放式廚房的方式，主張自己是「開放式的高級日本料理」形象。而此舉也讓高級日本料理店從以前只侷限在被少數人喜愛的店，開始轉變成為可以吸引大眾的店。

在高級日本料理的經營日漸困難的情況下，「灘萬」卻以營業額和利潤都同時增加的成績，開創出新的日本料理，他們這種明確地堅守日本文化的經營策略，結果使得他們得以成功地吸引來許多顧客。

「茶葉在便利商店買還不是一樣，搞不好十年以後，連用茶壺泡茶的這種習慣都已經不存在也說不一定」。

和日本料理一樣，對日本茶的將來懷抱危機意識的人，也不在少數。在北九州市小倉車站附近的魚町商店街上，經營「出吉利茶屋」的出吉利之先生，也是其中的一位。

現在寶特瓶裝的烏龍茶，或是一般自動販賣機賣的罐裝茶都已經普遍被大眾所接受。茶葉也只要到超市或便利商店就都買得到，從來沒到過茶葉店的人應該也不在少數。

「現在的高中女生再過十年之後，就會變成家庭主婦。到那個時候才是真正決定勝負的關鍵。所以為了要讓這些人到時候能夠到茶葉店來買茶，而不是在超市或便利商店，因此我才下定決心，決定要開始賣甜的茶」。

這到底是怎麼一回事呢？

從五年前開始，「出吉利茶屋」的茶單上，多出了抹茶霜淇淋、抹茶布丁、以及抹茶奶油凍等二十多種的「甜的茶品」。

「剛開始的時候，公司裡不斷地出現很多反對的意見，他們認為茶就是因為是苦的所以才叫茶。不過如果你叫年輕人說去喝那種苦苦的茶，我想恐怕很困難。所以要把苦的茶先換個方式，用這種甜點或冷飲的形式先讓她們接受這種東西，然後再把比較麻煩的沖茶的方式，帶一點遊戲的感覺來傳授給她們。然後等到將來這些人有一天當了媽媽之後，才有可能會來我們這裡買茶喝或買茶送給人家。我們是在描繪一種這樣的願景，這是一種長期的策略」。

出吉社長做了這樣的說明。

「出吉利茶屋」就因為增加了這些東西，這五年來營業額和利潤都連續出現成長，這樣隨便算一算，一年的營業額就有六億日圓，在夏天天氣熱的時候，有些店甚至一天可以有一千五百個客人。

白天大多是家庭主婦，到傍晚就是一些高中女生，晚上則是女性上班族，基本上客人以女性為主。面對著商店街拱門的入口，有著像漢堡店一樣的櫃檯，客人可以把在店裡買的布丁或果汁，拿到裡面的位子上坐下來吃，裡面的位子感覺好像公園裡的椅子一樣。

顧客們就可以在這裡聊天講話。

出吉社長有時候還會利用這些空間，舉辦一些茶會或開展覽，希望能藉此傳達一些關於茶的文化。

出吉社長表示，商店街最大的致命傷就是，沒有設置休息區跟廁所。所以他們會告訴客人，就算不在這裡買東西，也可以用店裡的廁所。

怎麼樣讓人群集中，然後讓他們在這裡停留？出吉社長認為，集客的關鍵在於「文化」。

在賣茶之前要先賣茶的文化。

若說茶葉店因為賣了抹茶霜淇淋，而使營業額成長，這可能不是什麼新鮮事。不過這樣的動作只是十年計劃中的一種手段，目的是希望能夠製造一個讓這些聚集來的年輕人，可以慢慢了解到喝茶的樂趣和茶的文化。對於抱著這種想法的出吉社長，的確已經獲得當地人的支持。

## 如何跳脫揮思考模式

我認為書店是一個相當困難的行業。除了競爭激烈不在話下之外，還有一個原因就是你很難讓商品有特色。因為大部分的商品幾乎都沒什麼變化。

同樣一本書不管你在哪裡買，裡面的內容都是一樣的。

大盤或經銷商手上的書，幾乎也都是一定的內容，幾乎可以說都沒什麼差別。倘若如此，那只要是賣場面積愈大，藏書數目愈多的店，對於消費者來說，能夠選擇的範圍就比較廣，所以應該也就比較有利。

於是，大型書店就這樣到處開設更大的店，而中小型的書店，到目前為止，本來是以販賣小本的文庫和雜誌為主，因此在內容上面彼此可以區隔開來，但是在二十四小時營業的便利商店加入之後，連這方面的利潤都被異業種的便利商店瓜分，所以全國陸續出現宣佈倒閉的中小型書店。

不過在這樣的一股風潮當中，也有一家新加入的中型書店，在名古屋一下就開了三家店，拼命地努力奮鬥。

這家書店的名字叫做「駱駝書店」。據說是因為想到「用來代表運來文化綠洲的駱駝」，才會取這樣的名字，這是由當地的一家叫做西川印刷的企業所開始經營的副業。

換句話說，他們從來沒有經營書店的經驗。

一號店是利用自己公司的空地，地點在住宅區內沿著道路旁邊。以地點來說，雖然不是最好的地段，但是營業時間到午夜十二點，停車場也有可以停放一百台車的空間，是一家過了晚上十點之後，營業額就會急速上升的，情況頗為特殊的店。

因為很多晚上在名古屋市中心遊玩的人，在晚上回家的時候會順道經過進去看看，所以商圈的範圍也可以說是相當廣闊，這也是它的一個特徵。

如果說光是郊外型的書店，其實倒是沒什麼特別。但是如果要讓客人不只是只來一次而已，而是還會不斷地重複回到這裡來消費的話，就必須要有一點特色才行。

這家店的賣場面積有三百坪，但是實際上用在書的賣場的部分只有兩百三十坪，希望寬廣的空間感，可以讓客人逛起來覺得很舒服。店裡設有咖啡座，就算是還沒有結帳的書，也可以帶進去裡面，一邊喝咖啡一邊吃蛋糕，一邊享受書香世界。另外書店裡還有藝文活動空間，會不定期地舉辦音樂會、演講活動、手語教室，甚至美術展覽等等各種多元的藝文活動。

這家一號店的營業額一個月約在六千兩百萬左右，表現得相當不錯，於是「駱駝書店」的二號店和三號店就也接著開幕。

但是，接下來發生的事情更有意思。

一般如果第一家店非常成功的話，接下來的店應該也都會沿用第一家店的方式，以那個雛形為基礎，繼續發展成一系列的店舖才對。

但是「駱駝書店」的情形卻是，只有店名相同，但是二號店和三號店卻都是各自擁有不同風格的書店。

二號店的賣場面積有四百五十坪，但是其中作為書的陳列的只有一百五十坪，只有三分之一，另外增設的是以現烤麵包為主的麵包店餐廳。同樣的，店內也有很多寬廣的空間，開放給當地的人自由使用。結果果然有很多攝影展、插花展、畫展等等相繼報名，據說現在的時間表已經一直排到很後面。

平常從事地區性文化活動的人，選擇以書店的一角來展示平日工作的成果。所以來到這家店的消費者，應該也是當地的愛書人，如果有愈多人會因為可以接觸文化而感到喜悅的話，那當他們來到店裡的時候，順便看看這些作品的機會應該也不少。當地居民能夠自然地交流的場地，把這樣的一個角色交給書店來擔綱演出，或許這才是書店作為地區文化尖兵的最理想的形式。

所以，這種「裡面什麼都沒有的自由空間」，也或許才是「駱駝書店」最重要的集客軟體。

一九九七年開業的二號店反映也相當好，於是一九九八年春天又在名古屋市北區開設三號店。

這次用的是紡織工廠的廢棄廠房。

這個名為「看得到煙囪的風景」，事實上就是把工廠的建築物直接拿來使用，這棟有著形狀像鋸子一樣屋頂的工廠建築，反而成為這家店的特色。工廠獨有的挑高，讓整個空間充滿開放的感覺，寬廣的牆壁上畫了很多像詹姆斯狄恩等美國電影明星的畫像，表現出一種和以往的書店完全不同的空間感覺。

在長得都一樣的店裡，陳列一些看起來都差不多的書。「駱駝書店」卻完全推翻了這種以往書店的做法。

在剛開始從事書店事業的時候，「西川印刷」把稻葉久男先生從知名的書籍盤商公司挖角來當這個事業部的經理。

稻葉先生表示：「長久以來一直在和日本的書店接觸，但是對於居然沒有一個自己理想中的書店這件事卻慢慢感到不滿。所以才會想到要來做一個，到目前為止都沒有過的，理想中的書店，這次真的是，可以說是讓我盡情地揮灑彩筆」。如此，造就了讓其他書店羨慕不已的業績，以及成為其他書店業界注目的焦點，甚至有從全國各地來的參觀者陸續到達。

由於「駱駝書店」的三家店都有不同的特色，因此如果就算再怎麼參觀，結果做出來的是和他們完全一樣的書店的話，應該也不可能會成功。

但是，如何做出會讓客人想要再待久一點的書店，這種「駱駝書店」的想法，我認為倒是很值得學習。

當然，在「駱駝書店」，他們非常歡迎客人在書店裡看書，甚至還準備了沙發讓客人可以坐下來閱讀，店裡還提供可以連上網際網路的地方，就算是不買書的客人，這裡也很歡迎。

## 二十四小時營業為什麼可以使業績成長

最近出現了一些無法用過去的經驗來解釋的現象。

大半夜裡，吵雜的店裡生意正興隆。

這是營業到半夜的折扣商店。

「唐吉軻德」就是開創這種商店的先驅。

一九九七年十月，當東京的新宿開了一家營業時間到凌晨六點的折扣商店的時候，當時曾經因為半夜裡想要排隊進入停車場的車輛實在太多，差點因為這樣而引起大塞車。店裡到處都是年輕人，在收銀台前面又是一對人排隊在等著結帳。

一九九八年春天，在東京的世田谷區和江戶川區也陸續開設營業到深夜的店，結果一九九八年六月這一季的營業額比前一期增加了百分之六十七點四，總額為兩百四十四億圓，營收利潤為十四億圓，比前一期要增加了百分之九十二點二，成長的速度之快，幾乎很難讓人相信現在是景氣低迷期。

從時間帶來分析營業額的內容就可以發現，從晚上十點到凌晨零點是銷售的最高峰。另外要注意的是，從凌晨零點到凌晨兩點的這一段時間裡的營業額和客數，和前一期相比都增加了百分之三十以上。當這種折扣商店營業到早上的訊息慢慢被散播出去之後，慢慢地吸引了更多消費者在這個時間帶前來消費。

走進店裡一看就會發現，店裡真的是蠻雜亂的。

這些所謂深夜的商品，也就是除了生鮮食品以外的，幾乎所有各種可以想得到的商品都被雜亂地放置在各地。這裡的商品品項差不多有三萬種，從CD到汽車用品，寵物食品、一百圓的打火機、從首飾珠寶到日用品，據說這是「為了要讓顧客能夠盡可能地在店裡待久一點」所作的安排。

如果能讓客人在店裡能夠盡量待久一點的話，就比較可能誘導他們做出非理性的購物。這種店的主要對象，與其說是因為有什麼目的才來購買的消費者，不如說是那種覺得「有沒有什麼好玩的東西啊」，像這樣閒著也是閒著，反正也是沒事的這種消費者。其實以這種消費者為對象的商店，以前也曾經有過。

我把這種店叫做「時間多消費型」的商店。

也就是讓人去消磨時間用的店。

如果顧客人的目的是來消磨時間的話，那就應該挑大家最「閒」的深夜時段。

「唐吉軻德」就是看準了這一點。

雖然都是是在半夜營業，但是這裡和便利商店基本上想法是完全不同的。便利商店是讓你在半夜覺得肚子餓的時候，或是要買一些絕對必須的用品時，在最近的地方就提供這樣的服務，讓你覺得很方便。所以對於在商品的品項上面也篩選得非常嚴格，盡量以簡潔明亮的賣場，來讓客人覺得購物的時候很方便。

反之，「唐吉軻德」裡面的商品，幾乎可以說都是一些完全不需要急著在大半夜買的一些東西。

如果是急需要用的商品的話，當然應該到容易找，方便買的商店去買，所以像唐吉軻德這種店，就是一種和便利商店完全相反的型態。

但是，對於「唐吉軻德」是否能夠在今後仍然維持以往的成長速率，我個人是持保留的態度。

因為主要的年輕消費群是以一種逛主題樂園的感覺去那裡，如果等到有一天他們逛膩了的時候，而且原本就不是因為想買什麼，所以才特別跑去的目標性購買，很可能來客數就會因此驟減。現在是因為有媒體在大幅報導，才吸引了這麼多來湊熱鬧的客人。

店家方面刻意把賣場陳列成雜亂無章的感覺，但是為了不讓顧客逛膩，還必須要不斷地替換店內的各種商品。也就是如何把「一種雜亂的系統」用具體的方式呈現出來。另外，由於「唐吉軻德」本身也有考慮要再增加店數，屆時一定還會出現其他型態類似的競爭者，所以如果光只是用和目前的便利商店剛好相反的「打游擊式的混亂」，就想要讓顧客會持續覺得滿足，恐怕很困難。

打游擊就是因為只有少數在攪和，所以才叫打游擊，如果這個數量增加到開始會引人注目的話，就很難發揮真正游擊戰的優勢了。

到目前為止也有很多曾經引領時代潮流，極盡風光的折扣商店，在一時的話題性過去之後，就這樣銷聲匿跡的例子。

這會不會又是一個不景氣情況下的曇花一現。

事實上「唐吉軻德」這個名字有它深遠的涵義。

不過即便是這樣，「唐吉軻德」讓我們看到了深夜市場的各種可能性，這絕對應該是值得大筆一書的。

比「唐吉軻德」更讓我不能理解的是，一家賣牛仔褲和T恤的休閒服裝店——「牛仔同伴」，也開始在半夜營業。從一九九八年四月在澀谷的第一家店開始，接著陸續在池袋、吉祥寺等商業區，以及東京的聖蹟櫻之丘、崎玉縣的春日部等住宅區的店都開始二十四小時營業的制度。

當我聽到說，就在我住的橫濱郊外住宅區，位於戶塚的那家「牛仔同伴」也開始二十四小時營業的時候，我趕忙在凌晨一點跑到店裡去看看。總共兩層樓的店舖裡幾乎沒什麼客人，連我再內總共只有四個客人。

事實上，這家店平常白天的時候，也不是客人多到真的很多的那種感覺。所以是不是真的有必要要這樣二十四小時營業……。

以這家戶塚店來看，晚上九點到早上十點的這段時間的營業額，據說約佔總營業額的百分之三十。

根據「牛仔同伴」表示，雖然感覺上好像白天營業的效率比較高，但是由於增加在夜間營業，在租金上並沒有增加新的負擔，而且人事費用和電費方面的增加，從新增的營業額扣除之後還有多，所以整體來說，這樣的制度可以說是提高了整個店的營運效果。

而且因為晚上店裡比白天要清閒，因此在這段時間裡可以進行店內的清掃、整理商品、計算營業額、做報表等等作業。

這樣白天的營業時間，就可以集中火力來進行販賣的動作，這也是一個優點。

雖然我在「牛仔同伴」戶塚店觀察到的是門可羅雀的情形，但是事實上「牛仔同伴」在九八年卻因為開啟這種所謂「二十四小時的服裝便利商店」的風潮，而引起媒體的高度關注，多次成為媒體報導的對象，甚至整體的營業額也因此持續成長。

從一九九八年四月開始，不過四個月的時間，總數六十六家店裡就有一半都改成二十四小時營業制，八月中間這一期的營業額比先前一期的同一個時期要多出百分之十七，可以說是出現大幅的成長。但是在現有的各店光是在平常時段的營業額，卻差不多都維持在原來的成績，所以業績會出現這樣大幅的成長，應該都要歸功於二十四小時營業。

另一方面，人事費用的增加也相當顯著。為了要徹底實施二十四小時營業制，計時工作人員的數目增加了約百分之五十。

當二十四小時營業沒有像剛開始的時候那麼具話題性的時候，是不是還能確保會有足夠負擔多出來的人事費用的營收。特別是在冬天，半夜的人潮變得更少的時候，是不是還能吸引像夏天一樣多的顧客，這都還是一個問號。

## 以顧客為本位的營業時間有勝算

雖然「唐吉軻德」或是「牛仔同伴」的出現，在大家都在抱怨東西賣不出去的一片不景氣聲中成為大家談論的話題，但是事實上，這並不是深夜的商機第一次成為大家注目的焦點。

當泡沫經濟全盛的八〇年代末期，在六本木和表參道一帶，都曾經有過營業到深夜的健身中心和美容沙龍、甚至牙科醫院等等，當初也曾經造成過一股風潮。當時因為工作量大，加班的人也特別多，再加上從事國際金融業的人士也陸續增加，因此東京幾乎也被稱為是二十四小時營業的不夜城。當初要求山手線和地下鐵也一併改為二十四小時發車聲浪最盛的時期，就是在這個時候。

但是之後隨著泡沫經濟崩潰，到了半夜還在外面尋歡取樂的上班族數目驟減，大家又都趕搭最後一班電車回家，半夜的街上淨是載不到客人的空計程車。

所以，便利商店那種暫時不列入考慮，但是在歷經這些變化後，居然又突然出現像這種以二十四小時營業為賣點的商店，而且還成為討論的話題，這倒是讓人感到有點意外。

以前泡沫經濟時代二十四小時營業的店，是為了讓那些忙得只有在半夜才有時間，還要被質疑「你能二十四小時奮戰嗎？」的企業精英前往消費的店，和現在這些以「半夜的遊樂場」而一躍成為眾人注目的焦點的「唐吉軻德」和「牛仔同伴」這些店，在消費者的層面上，應該是有很大的不同的。

另一方面，為什麼一般商店的營業時間都是固定在，從早上十點到晚上七點的這一段時間呢？與其說這是「顧客所希望的營業時間」，倒不如說是因為要配合「賣方的經營者和工作人員的作息所制定出來的時間」這樣的因素佔的比例比較大。

平常一般上班族或粉領族就算再想去這些店，但是因為只在這個時間帶營業，所以想去也去不成。

舉個最基本的例子，比如像理髮店就是最典型的此種商店。

一般的商店大都在早上九點左右開店，晚上打烊的時間約是在晚上七點左右。像這樣的營業時間，對一般的上班族來說，如果不是翹班偷跑去的話，除了在週末放假的時候之外，平常的時間根本完全不可能去。結果客人都集中在週六、週日，因為去的人多，一去又要排隊等很久，結果好不容易放個假，光為了做這件事就耗光了所有的時間。

而且經營者方面，要集中處理只在週末湧現的顧客，也會出現能力上的問題，所以也會希望這些顧客能分散在平常的時間來消費。若是如此，為什麼還一定要要求消費者接受「對賣方有利的時間帶」呢。

賣方可能會說這是因為「工會組織的決定」，但是像這樣不考慮消費者的立場，而且眼前擺明了是一個可以增加收益的機會，工會卻還用這樣的決定來從中阻撓，這樣的工會組織又有什麼意義呢？

像這樣的工會組織一方面做出這種擋人財路的決定，另一方面還經常在叫囂關於該產業的「經營危機」等等，這種自我矛盾的理論，已經可以說是遠超過一般所能忍受的限度。特別是那些住在郊區的上班族，通常回到住家附近的時候都已經差不多晚上八點。試問有幾家位於郊外的理髮店，是在那樣的時段還提供理髮服務的？如果有營業到晚上十一點的理髮店的話，讓上班族能夠在平常就去理髮，那一定會獲得廣大上班族的支持。但若經營者和工作人員都不願意的話，那這樣的店有一天應該會被淘汰才對。

現在的市場是一個所謂的買方市場，因為，所有的賣方必須在有限的市場當中互相競爭。

「牛仔同伴」會在半夜賣休閒服飾，並不是因為當地在這一方面的需求有增加，所以其實是因為他們想要併吞其他同業的營業額才會出此下策。

理髮店的商圈範圍，比起「牛仔同伴」這種店還要小很多，所以如果有一家的生意特別好的話，那就會使其他店的生意出現衰退，這種可能性其實非常大。

因為基本上每個地區的「理髮人口」並沒有因此增加。所以只要有一家店願意營業到晚上十一點的話，這樣就會威脅到其他家店的生意。但是如果店主和工作人員都不喜歡營業到那麼晚，這樣的店很可能就會被打敗；所以營業時間才會是一直由工會來決定，也就是為了要防止有業者偷跑。

但是那種理論終將被淘汰，剩下的只是時間早晚的問題。

在東京市中心出現的「QB HOUSE」，能夠以十分鐘一千圓的嶄新概念，創造出理髮連鎖店的大幅成長，除了因為價格的優勢之外，如果說經營者是用實際的商業行動來解決，以往必須要浪費好不容易的假日，只為了排隊理髮的顧客的不滿的話，這樣就不難理解其中的道理。

如果現存的理髮店還是以過去的想法繼續這樣經營下去的話，恐怕總有一天會被這些，在時間設定上以顧客為主的新商業陸續侵蝕殆盡。

## 打破傳統的集客論

跟一些理髮店的店主提到「QB HOUSE」，他們都會非常不高興地說「那種才不是理髮店呢！」據說，他們的理由是，只剪十分鐘的頭髮是沒有辦法剪到讓客人滿意的。

但是實際上這種不包含洗頭，十分鐘一千圓的「QB HOUSE」卻也掌握了許多女性顧客。

以往的那種低價格理髮店裡，是從來看不到女性顧客的。

這是不是就表示他們有足夠的技術，以及對清潔上的要求，所以才能讓對美容方面要求特別嚴苛的女性，特別是年輕女性，也會願意上門呢。

以往一直堅守「本業」的一些行業，漸漸地捉不住顧客的需求，反而是一些「半路出家」，新加入戰局的企業可以在短時間內就獲得廣大消費者的支持的例子，在這一陣子可以說是不勝枚舉。

一直被很多同業批評為「像那樣做生意根本算不上是藥局，他們根本違反了藥局的經營方式」的「松本清藥局」也是這樣的一個代表性的例子。

因為藥品是必須要經過衛生署嚴格品管標準下的商品，所以在這一方面，就算是「松本清」，也是一樣沒有辦法賣一些比較特別的東西。不過也正因為是這樣，所以他們才變成一個，把藥品控制在只佔營業額的三成左右，剩下的七成賣的則是從化妝品到個人清潔用品、雜貨、甚至可愛的文具用品和食品果汁等等，把藥局變成一種會吸引高中女生聚集的有趣的商店。

原本所謂的藥局或藥店，應該是只有在「頭痛」或「肚子痛」這種時候，因為有了購買某項藥品的特定目的之後，才會前往購買的商店。但是這樣的商店，現在卻變成了幾乎很少有機會生病的高中女生，會為了只是想要看看「有沒有什麼新奇好玩的東西」而跑去閒逛的地方。

這種現象甚至還創造年輕人之間的新語彙，把去逛松本清藥局這件事叫做「去松清」。

松本和那社長曾經說過要「弄一個容易被扒的店」，這種從反方向思考的說法，實際上多少象徵了目前松本清藥局，之所以成為年輕人聚集場所的一種定位上的意義。

「在收據背後寫上自己的名字，然後把這個交給店長請他撕破，這樣就可以讓愛情有結果」，因為這樣的一個傳說，使得澀谷店頓時之間成為高中女生爭相排隊購物的地方，也這樣成為年輕人心中的聖地。但是根據社長表示，散佈這樣一個傳說的其實是該店的店長，在其他分店，還有店長用舉行猜拳比賽的方式來吸引客人，而公司方面對於這樣積極想出新點子的員工，都會用考績的方式給予鼓勵。

所以也就是說，如果能夠想出老闆沒有想出來的新點子，就會受到重視，這種公司文化就是目前「松本清」的文化。

過去在日本，基本上都是遵守著一種固定的形式在成長，所以只要沿著先人的腳步，照著依樣化葫蘆就可以了。所以，以前大家經常說，做屬下的也只要聽從上面的命令，不要有太大的失誤，照著規定做事，這樣就是理想的上班族了。

但是現在時代不同了，所有的秩序都面臨崩潰，我們現在所面臨的，是必須要自由競爭的時代。如果光只是因循苟且，是沒有辦法繼續存活下去的。

尤其是像藥局藥店這種，本身受到規則限制的業界，更是容易採取保守的態度，覺得只要照規定來就好了。

在這當中，像這種會願意蒐集新想法，對於做出新的提案的人給予人士上的評價的企業，在競爭力方面，當然是遠勝過那些只是照著規定做事的企業。

我認為「松本清」能夠吸引來那麼多顧客的秘密，就在於他們這些想法的累積。

根據松本社長表示，公司會有這種想法其實是從上一代創業的松本清時代就流傳下來的。戰後在千葉創業的「松本清」藥局，據說松本清先生當時曾經把關在籠子裡的猴子放在店頭讓大家參觀。於是就吸引了很多小朋友。但是光是吸引小朋友，也賣不到東西。於是店頭又多貼了一張紙，上面寫著，「請大人陪伴小朋友一同觀賞，以免小朋友的手被猴子咬」。

因為小朋友想看，所以大人沒辦法只好跟著一起過來看。因為既然都已經走到藥局前面來了，所以結果就是乾脆順便買個東西回去。所以過去的松本清藥局和現在在店頭用猜拳比賽來吸引顧客的「松本清」，兩者之間的共通點應該就是這個關於猴子的小故事。

不過，重要的不是商店本身如何，或是商品本身如何，而是如何引來顧客的這種智慧，也就是所謂的以「集客軟體」決勝負的這一點。

當然，如果商品本身或店面都比其他店要差，那當然是根本不用拿來討論。但是如果這是同樣的商品，同樣的店面，只差在有沒有意識到要以集客軟體來決勝負這樣一個，在想法上的差異，那結果可能大大不同。

以關東地區為中心開設了三百二十家店面的「松本清」，完全不受景氣影響，持續地以每年開七十家店的速率在快速地成長。目前的計劃是預計到二〇〇一年將會有五百家店，到二〇一〇年更預計要達到現在年營業額的五倍，也就是要將現在一千兩億圓的年營業額，成長到屆時的六千億圓。

在整個藥局藥店業界都一片死寂的氣氛裡，雖然藥品這項商品本身到哪裡都沒有什麼太大的差距，但是「松本清」卻可以創造出這樣的成長。

「松本清」會有像今天這樣的大躍進，或許原因就在於，他們在這種，從創業以來一直堅持的「從顧客的角度思考」的精神當中，所培養出來的一套獨自的集客軟體。

## 怎麼樣才能吸引銀髮族

到目前為止，書中所介紹的例子大多是因為吸引了很多年輕人而成功的案例。

在做生意這一行裡，「很受年輕人歡迎」是一句讚美的話，但是如果說是很受老年人歡迎，聽起來就好像覺得，可能就容易給人有點趕不上時代潮流的印象，也不知道這樣的一句話到底算是褒還是貶。

但是仔細想想，其實「以年輕人為目標」的生意不但要面臨競爭激烈，而且還要隨時擔心抓不住年輕人的流行口味，與其把目標放在那些也沒多少零用錢的年輕人身上，倒不如專心一意來作中老年人的生意，不但口味比較不容易變，而且還很可能就變成死忠顧客，再加上他們手上所掌握的閒錢也比較多，所以怎麼想好像都還是做老年人的生意比較划算。

基本上，所謂的中老年人，其實包括的範圍可以相當廣。

在千葉縣船橋市經營旅行社的加藤清先生，他所經營的主力商品，就是以銀髮族為主的團體旅行。

「最近很多六十多歲左右的人都會說『不想要跟一起參加老人會的那些朋友們去旅行』。六十多歲的人如果稱他是銀髮族，他們還會不高興。但是如果是跟老人會的朋友們結伴參加團體旅行的話，裡面多少會有幾個個性比較孤僻的老人，所以大家現在比較喜歡的是，找幾個個性比較相投的朋友，幾個人一起去旅行，現在幾乎都是這樣子」。

加藤先生還說，銀髮族的喜好也慢慢變得跟以前不同。

「大家一起搭巴士出去的時候，我們的工作人員原本應該買茶回來，但是卻不小心買了咖啡回來。結果沒辦法，只好用麥克風跟大家說『對不起，因為買錯了買成咖啡，還請大家原諒』。結果誰知道，客人們居然說『為什麼要道歉呢，我們本來就喜歡喝咖啡啊』。

結果所有的團員都很高興地在喝罐裝的咖啡。所以反而是那種有成見，認為只要是上了年紀的就是要喝茶，那才容易鑄成大錯。」

我認為這個例子倒是蠻具啟發性的。

另外像專門為高齡者設計的流行服飾，到目前為止，這樣的一個市場幾乎很少有人會去注意到。

過了五十歲之後，除了一般高級的知名品牌之外，如果是一般的流行性服裝，好像從來沒有出現過什麼以流行性引起話題的商品。

但是最近在百貨公司卻看到很多，大概五十多歲的媽媽，帶著剛踏入社會的女兒們一起挑選衣服的光景。

百貨公司的賣場還是一如往常地分成年輕人的樓層和上了年紀的樓層，但是賣媽媽服裝的樓層的感覺，怎麼看都跟現在的中年女性的那種具有行動力的形象很不搭調。

結果母女兩個，就會一起到年輕人的樓層去，也就是以女兒的那個年齡層為對象的賣場，去挑選兩個人都可以穿的商品。

我可以感覺得到，現在陳列在上了年紀的樓層當中的商品，不管是設計也好，用色也罷，實際是上跟現在的中年婦女所喜好的東西完全不同。而且因為沒有專為銀髮族設計的樓層，所以七十歲或八十歲的女性當然也就不會想要在百貨公司買衣服了。

我們社會正加快腳步邁向高齡化，但是在服裝方面，所有的商店賣的都是以年輕人為主的服飾，市場上幾乎沒有專為銀髮族設計的流行服飾，這實在是一件非常可惜的事情。

## 日本首創銀髮族專用遊樂園

一九九七年，岡山縣的倉敷市開了一個「倉敷遊樂公園」。地點就在市中心，從JR倉敷車站還有專車直達遊樂公園，在交通方面也相當方便。

這裡原本是紡織工廠的舊址，公園建地一萬一千九百平方公尺，公園裡到處都有花，有綠，還有水，光是欣賞風景就很愉快。取「遊樂公園」這個名稱，是因為其實全世界第一個，建在丹麥哥本哈根的主題樂園就叫做遊樂公園。而且還因為童話之王，安徒生，曾經數度造訪那個公園，思考他的童話題材，因此遊樂公園的名聲才廣為世人所知。

我雖然曾經走訪過日本各地的許多遊樂園，但是我在想，這個「倉敷遊樂公園」應該是日本第一個，以中老年人為目標對象的主題樂園。

當然這個遊樂園裡面，也有像雲霄飛車這種，可以吸引年輕人來的遊樂設施，但是這些設施在這裡，卻不是像迪士尼樂園那樣有人大排長龍。這些遊樂設施在這裡，反而比較像是配角。主角則是弄得花團錦簇的庭園，以及大大小小美麗的噴水池，到處都看得到椅子，裡面有很多上了年紀的人，或是帶著小朋友的媽媽在裡面休息。

特別引人注意的就是，這裡雖然每到週末假日都有很多遊客，但是更重要的是，即便是平常的日子，這裡的遊客也不在少數。而且這些遊客看起來比較不像是大老遠從外地來的，大多數遊客的打扮看起來都很輕鬆，比較像是住在附近的居民，可能因為早上起來覺得天氣不錯，就會想來這裡散散步的那種。聽說很多都是當地倉敷市的居民，要不就是從隔壁的岡山市一帶來的遊客。

這裡一次的入場費要兩千圓，但是如果購買年票的話只要六千圓。對於那些就住在附近，可以經常來的遊客來說，的確是相當划算。

其實以往的遊樂園，除了暑假期間之外，大部分的客人都是集中在週末的時候來玩。年輕人大都是大老遠地成群結隊地來，主要的目標都是鎖定在最新的遊樂設施。就算一開始很受歡迎，但是過沒一陣子之後馬上就玩膩了，所以如果沒有不斷地投資增加新的遊樂設施的話，很難讓客人重複地繼續再回來消費。

相對的，「遊樂公園」在這一方面，感覺就比較像是，平常讓市民來散步的公園。根本完全沒有想要用巨大的遊樂設施來吸引遊客。

退休之後擁有自己的時間的人今後會愈來愈多。而且會像以前的老人家那樣，一天到晚都窩在家裡的，應該只有那些身體真的非常不好的老人。但是也很難想像這些超過六十歲的中高齡者，會有機會跟孫子、孩子之外的同伴們一起到迪士尼樂園去。但是如果是到「倉敷遊樂公園」來的話，就蠻有可能的。

仔細想一想，其實不光是主題式遊樂園，一般老人家在都市裡能夠去的地方，除了一般的名勝古蹟之外，大概就只有百貨公司或是去劇場看看戲了。

能夠吸引一些身體還很硬朗的中高齡者的主題式遊樂園，今後有可能會是一個很大的市場。

「倉敷遊樂公園」剛開始因為給人的印象比較低調，所以在東京的知名度並不高，但是開業之後，美麗的景緻在大家口耳相傳之下，第一年的入場者居然有三百九十萬人。在這樣不景氣當中，當其他的觀光設施都在煩惱達不到目標的遊客人數的時候，「倉敷遊樂公園」的遊客數卻在一開始就遠超過原本訂的三百萬人次的目標。

而究竟如何做，才能吸引更多的人潮呢？其實需要的應該是和到目前為止截然不同的嶄新想法吧！

# 結語

前幾天，我剛好有機會搭計程車，那是一個星期六的下午，當我告訴司機我要去的地點之後，突然覺得車上收音機的聲音很大聲，司機在聽的是賽馬的轉播。

我雖然對賽馬沒有興趣，但是聽得出來好像馬上就要開始比賽。

我拿出手機，準備要與對方聯絡一件重要的事情。

當比賽開始之後，播音員的聲音變得更大聲。

我因為很難聽清楚手機那頭傳來的對方的聲音，所以也提高了音量。一邊還擔心對方可能會聽到車上收音機的聲音，用手遮著電話。

差不多過了三分鐘。

賽程終於結束。

紅燈的時候，司機先生就把原本放在旁邊座位上的賽馬小報，拿到方向盤上開始看了起來。看這樣子應該是有在賭馬。

當收音機裡的嘶喊聲結束之後，我也終於比較放心，開始以原來的音調正常地談話，該談的事情談完了之後，把手機關上。

當我一回過神來才發現，司機竟走錯路了。

當我跟司機說，「我是要到○○車站去耶」的時候，司機居然說「啊」，然後突然緊急煞車。

看這樣子應該是因為太專心在聽賽馬，所以連我到底要到哪裡去搞不大清楚，只是光是這樣在開車而已。

「先生，你如果不說清楚你要到哪裡，這樣我也沒辦法開車」。

司機居然還板個臉這樣跟我說。

有沒有搞錯啊，如果真的不知道我要到哪裡去的話，趕快問清楚不就好了嗎。

「不用了，我在這裡下車」。

我因為想改搭別台計程車，所以下車了。

我一邊看著開走的那台計程車，一邊用手機打電話到剛剛那台計程車所屬的公司。

「怎麼會有那種聽賽馬聽得太熱中，連客人要到哪裡都搞不清楚的司機，這也太誇張了吧。」

電話那頭計程車公司的人居然還很客氣地說：

「先生，讓客人聽收音機是我們提供的一項服務。」

「服務？你在說什麼啊，我根本不想聽賽馬，我也沒有請他開收音機給我聽。」

不管我再怎麼說，電話的那頭卻一直堅持，「那是一種服務。」

當然，我並沒有要以這樣一個例子來以偏概全的意思，也有很多計程車司機的服務非常好。

只是，我本身的一個這樣的經驗，是一個讓我們重新思考，到底什麼才是服務的一個契機。

就算那真的是為了我才打開的收音機，但是如果我不覺得好的話，這樣的動作根本就沒有意義。更何況在這種場合，最大的服務應該是先要把顧客正確地、安全地、最快速地送到目的地才對，而不是開不開收音機這種事情。

司機應該是要盡他最大的努力，達成這個目標才對。

不管服務的態度再怎麼好，如果連這個最基本的服務都做不到的話，那我對這個司機的評價等於是零。

另外還有一點，不管是計程車司機也好，計程車公司也罷，對於客人都有一種，反正下次也不會再碰到的僥倖的心態。

其實我現在也已經想不起來那位司機的長相，雖然在心裡發誓，下次絕對再也不搭那家計程車公司的車子，但是實際的情況是，隨手在路上攔下來的車子，也很難去分到底是哪家公司。就算再怎麼樣不高興，大概過了一個禮拜之後也就忘了。

其實真的很希望大家多搭乘服務好的司機，讓他們得到鼓勵，增加他們的收入，相反的，服務差的司機，則希望大家能夠拒搭，但是實際的情況卻是，這個行業不知道要到什麼時候才能完全達到這樣的境界。搞不好這種能夠一邊載客人一邊聽賽馬轉播的司機，才是經驗老到的司機，賺到的錢也比一般搞不清楚東南西北的新人司機要來得多，這才是這一行裡的正常現象。

講到新人司機，最近常聽說有愈來愈多的司機連路都搞不清楚。因為經濟不景氣，所以想當計程車司機的人也愈來愈多，但是可能是因為不習慣的人也很多的關係吧。

不過一般只要住上個幾年，一定都會知道的，東京最有名的一些建築物，如果連這些都不曉得的話，那可能就是從別的地方來的外地人。

不過，既然身為一位專業的司機，這樣的態度就實在很難讓人理解了。就算對這裡的地理環境再怎麼不熟，最起碼也要利用休假的時候，自己徹底地去努力把這些地方記熟才對。

比如說有很多重要的企業總公司聚集的，東京大手町一帶，最起碼也應該要自己走過一趟，或親手畫個地圖來把這個地方弄熟才對。

不是說不知道也是理所當然，問題應該是到底有用了幾分的心。

京都有家叫做「MK計程車」的公司到東京來發展了。

這家計程車公司雖然最早是以低價計程車闖出名號，但是其實他們在京都卻是因為服務很好，所以經常被很多客人指名要搭他們的車。

結果很多到京都包計程車做市區觀光的客人，或是一些從東京去的人，在前一天就先打電話預約的情形愈來愈多。

像這樣會在前一天就先打電話來預約的客人，當然不可能只搭乘這一次。

因為服務很好，所以客人的搭乘率也提高，結果就是吸引了很多優質的乘客，最後因為這樣所以又有本錢可以降低價格，於是又吸引更多人搭乘，就這樣一直良性循環下去。

乍看之下，這樣的例子裡看不到什麼從客人的角度出法的想法。但是實際上只要讓客人滿意，就可以增加客人指名搭乘的機會，這才是服務的原點。

像開計程車這種偶然性的生意，居然可以轉化成一種必然性。我認為這就是因為，他們在服務方面的要求相當嚴格所產生的結果。

從現在開始，所以的行業應該都會變成像這樣。

現在不再是業界整體都能繼續存活的時代。

淘汰已經開始。

要怎麼樣才會被客人選上。

這是買方開始嚴格地挑選賣方的時代。

時代開始出現兩極化。

一視同仁的時代已經過去。

隨著實力主義和年薪制度的普及，以往大家薪水幾乎都差不多的上班族社會，現在也已經逐漸明顯地分成兩派，有年薪達到兩千萬以上的特例，也有其他大部分年薪只在八百萬以下的一般人。

要怎麼服務這些高收入的消費者？

至於這些大多數的其他人，又該提供他們什麼樣的服務？企業已經到了必須做出抉擇的時候。

比如拿銀行來說好了，到目前為止，對於存款有幾億圓的客戶，跟只存幾萬圓的客戶，提供的服務基本上都是一樣的。但是從今以後，有幾億圓存款的客戶會要求更高的服務品質。

比如說現在像「花旗銀行」這種外資的銀行，就很清楚地連窗口都做了區別。

其他像航空公司當中的「馬來西亞航空」，或是百貨公司的會員卡管理系統當中，也逐漸看得出這方面的改變。

由義大利的經濟學家帕雷得所發展出的帕雷得法則，在這樣的變化裡也扮演了相當重要的角色。

根據這個法則，所有營業額當中，應該有八成，都是靠兩成的老客戶貢獻出來的。如果沒有良好的服務基礎，原本的那兩成老客戶是不可能會感到滿意的。所以必須在建立起良好的基礎之後，還要再更進一步地繼續追求可以讓老客戶感到滿意的服務。

和過去那種只要達到平均值就可以的時代相比，現在大家所要求的標準應該都比以前要來得高。

很多企業都在大嘆「景氣不好，所以東西賣不掉」。

但實際上卻不是這樣，是因為企業沒有得到消費者的支持，所以東西才賣不出去，雖然數目不是很多，但的確有一些企業獲得相當多消費者的支持，這是本書所一直強調的。

如果一直把東西賣不好歸咎於景氣不好這種「外在的理由」，這樣恐怕永遠沒辦法成為一個具有自制能力的經營者或商人。

現在的景氣不是不好，而是普通。

把現在當作的景氣當作是普通，然後趁現在自我多充實多改革，將來真的景氣好的時候才能好好地回收。

將這本書能夠提供這些有理想有抱負的經營者作為參考，那會是著者我最大的快樂。

全書完

# 度小月系列

在台灣古早時期，中南部下港地區的漁民，每逢黑潮退去，漁獲量不佳收入艱困時，為維持生計，便暫時在自家的屋簷下，賣起擔仔麵及其他簡單小吃，設法自力救濟過淡季。

此後，這個謀生的方式，便廣為流傳稱之為「度小月」。

**度小月系列的《路邊攤賺大錢》，便是**
**失業、轉業人的最佳路邊攤創業指南**
**小吃美食老饕吃透透的最in選擇**
**最鉅細靡遺獨家秘方絕頂食譜**

---

【Money-001】

白宜弘、趙濰/著
25開 224頁
彩色 平裝 280元

ISBN 957 30552-8-7
EAN 9789573055280


## 路邊攤賺大錢1【搶錢篇】

Small Paddlery Make You Rich (Part of Starting Business)

經濟的不景氣，造成許多人的失業，也讓很多人想要轉業，但是三百六十五行中，哪一行才是能賺錢的呢？這本書介紹了許多聞名的傳統小吃，包括鹽酥雞、水煎包、玉米花生冰等，還告訴你如何擺脫失業的無助與轉業的徬徨，利用路邊攤闖出屬於自己的一片天空。

---

【Money-002】

白宜弘、趙濰/著
25開 224頁
彩色 平裝 280元

ISBN 957-30552-9-5
EAN 9789573055297


## 路邊攤賺大錢2【奇蹟篇】

Small Paddlery Make You Rich(Part of Miracle)

本書所披露的店家都是台灣最著名的小吃包括：麻油雞、蔥油餅、肉圓、蚵仔煎、東山鴨頭等，這些台灣人最愛的小吃，就像是日常生活的一部分。本書並附上小吃地圖，不僅創業菜鳥可以試試各家口味，喜愛小吃美食的老饕更可循圖吃透透。

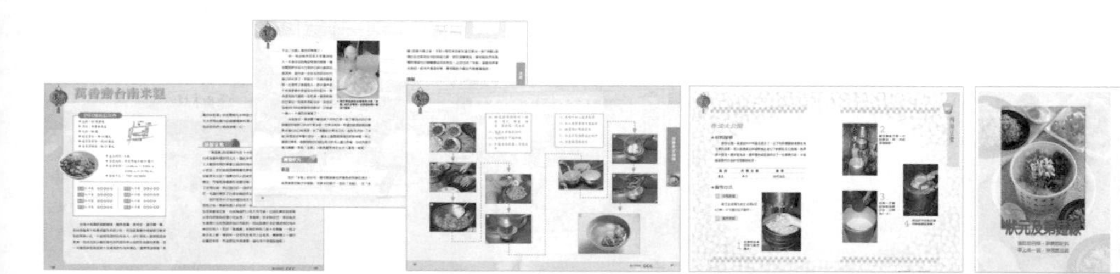

【Money-003】

白宜弘/著
25開 224頁
彩色 平裝 280元
ISBN 957-30017-1-3
EAN 9789573001713

## 路邊攤賺大錢3【致富篇】

Small Paddlery Make You Rich (Part of Becoming Rich)

這是一本失業和轉業的人最佳的路邊攤創業指南，書中鉅細靡遺介紹許多獨家秘方與商家的頂級食譜，如藥燉排骨、紅燒鰻、擔仔麵等。不論是要創業還是想找美食，這絕對是一本物超所值的多功能書。

---

【Money-004】

林怡君/著
25開 224頁
彩色 平裝 280元
ISBN 957-30017-3-X
EAN 9789573001737

## 路邊攤賺大錢4【飾品配件篇】

Small Paddlery Make You Rich (Part of Accessary)

本書分為飾品配件店家與批貨店家兩部分。飾品配件共有九家店家，詳細介紹成立一家店所需注意的事項，諸如：如何選貨批貨、成本控制、貨品特色等，也公開店家所需的資金、進貨成本等多項數據。批貨店家則詳列該店的進貨地點、商品特色批貨建議等項目，讓菜鳥或熟手都能一目了然，立刻抓到其中訣竅。

---

【Money-005】

邱巧貞/著
25開 224頁
彩色 平裝 280元
ISBN 957-30017-5-6
EAN 9789573001751

## 路邊攤賺大錢5【清涼美食篇】

Small Paddlery Make You Rich (Part of Ices)

本書中承襲此系列前幾本書籍以介紹店家為主的特色，以十家販賣清涼美食為主的路邊攤為重點，包括：永康街冰館、基隆泡泡冰、沈記泡泡冰、辛發亭、公園號酸梅湯、臺一牛奶大王等。不論是經營數十年以上的老店，或是開業僅數年的新手，每一家都是該領域的佼佼者。

---

【Money-006】

師瑞德/著
25開 224頁
彩色 平裝 280元
ISBN 957-30017-8-0
EAN 9789573001782

## 路邊攤賺大錢6【異國美食篇】

Small Paddlery Make You Rich (Part of Exotic Foods)

中西文化的交流，也可以透過美食進行。許多老外千里迢迢，來到台灣賣他們家鄉的傳統小吃，讓美味無國界，天下本一家。透過這本書，我們可以得知這些老外創業的艱辛，以及異國小吃好吃的精髓何在。

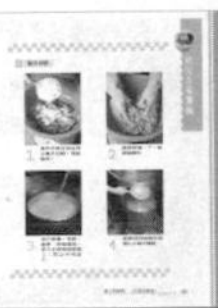

【Money-007】

施依欣/著
25開 224頁
彩色 平裝 280元
ISBN 957-28042-3-5
EAN 9789572804230

## 路邊攤賺大錢7【元氣早餐篇】

Small Paddlery Make You Rich (Part Of Breakfast)

本書內容介紹了包括麥味登、四海豆漿、李福記紫米飯糰、勇伯米苔目、樺德素食等十家以美味出名的早餐店。經過深入調查後，我們發現這些老闆們的成功絕非偶然。讀者可以藉由書中詳細的資料，從中獲知別人成功與食物好吃的秘訣。

【Money-008】

邱巧貞/著
25開 224頁
彩色 平裝 280元
ISBN 957-28042-2-7
EAN 9789572804223

## 路邊攤賺大錢8【養生進補篇】

Small Paddlery Make You Rich (Part of Dietary Nutrition)

「進補」是中國人特有的習俗，不論春夏秋冬哪一季，沒事也可以進補養生，讓自己身強體壯、神清氣爽的過生活。此次特別將多家有名的養生食補店集結成冊，教有心人怎樣利用這中國人才有的習俗來創業賺大錢。

NEW
【Money-009】

萬麗慧/著
25開 224頁
彩色 平裝 280元
ISBN 986-7651-00-6
EAN 9579867651006

## 路邊攤賺大錢9【加盟篇】

Small Paddlery Make You Rich
( Part Of Joining The Chain Store )

本書特地收錄了十位成功加盟的創業者，讓他們現身說自己心路歷程與每一個加盟總店的詳細資料。另外在附錄的部分，也特地整理出加盟的成功密笈，加盟應注意事項、加盟的流程等，讓讀者更瞭解什麼是加盟、想要加盟時又應該要注意到哪些細節。

NEW
【Money-010】

顏麗紅、歐陽菊映/著
25開 224頁
彩色 平裝 280元
ISBN 986-7651-01-4
EAN 9789867651013

## 路邊攤賺大錢10【中部搶錢篇】

Small Paddlery Make You Rich
( Part Of Cuisines In Central Taiwan )

書中詳細介紹台中、彰化、南投等中部地區從擺路邊攤起家而致富的十一家店家，如公園路阿水獅豬腳、忠孝豆花、英才路大麵羹、東海夜市蓮心冰雞爪凍與目前最紅的新興小吃一中街波特屋的起司烤洋芋等。

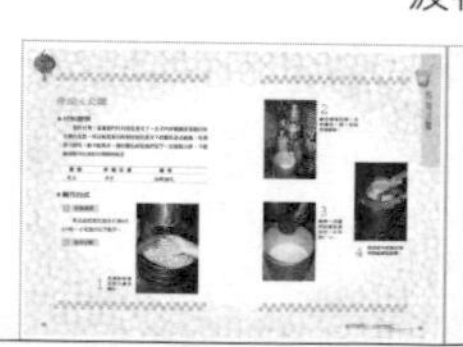
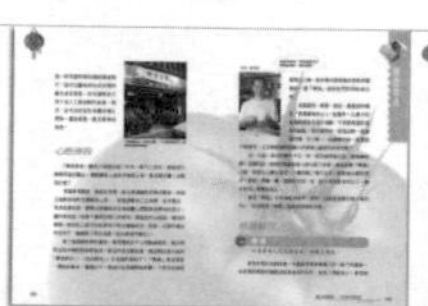

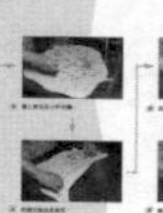
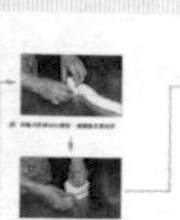

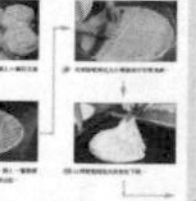

## DIY系列

為喜歡動手做美食老饕們收錄了台灣各地的有名小吃，
並由超人氣的路邊攤老闆親自示範，告訴你煮出好吃料理的訣竅與秘方，
讓你在家也可以享受媲美路邊攤的小吃，
並烹調出既衛生又營養的道地美味。

【DIY-001】

### 路邊攤美食DIY

Make Taiwanese Cuisines at home (Part Ⅰ)

大都會文化編輯部/著
20開 96頁
彩色 平裝 220元
ISBN 957-28042-0-0
EAN 9789572804209

本書為喜歡動手做美食老饕們收錄了許多台灣各地的有名小吃，包括了蘿蔔絲餅、藥燉排骨、蚵仔麵線等，由超人氣的老闆們親自示範，讓你在家也可以做出媲美路邊攤的美食。只要按著本食譜按圖索驥，就能做出既衛生又營養的道地美味。

【DIY-002】

### 嚴選台灣小吃DIY

Make Taiwanese Cuisines at home (Part Ⅱ)

大都會文化編輯部/著
20開 96頁
彩色 平裝 220元
ISBN 957-28042-1-9
EAN 9789572804216

書中網羅米粉湯、魷魚羹、廣東粥、蚵仔煎等著名台灣小吃，不但在家中可享受方便又衛生的美食，與小朋友一起DIY動手做點心，更是個增進親子感情的好方式。

【DIY-003】

### 路邊攤超人氣小吃DIY

Make Taiwanese Cuisines at home (Part Ⅲ)

大都會文化編輯部/著
20開 96頁
彩色 平裝 220元
ISBN 957-28042-7-8
EAN 9789572804278

經濟不景氣，自己動手做最省錢。本書挑選出大家耳熟能詳的美食，包括芋頭牛奶冰、紅燒鰻、肉圓、胡椒餅、涼麵、當歸鴨等，將其作法集結成冊。讓你想吃美食卻又不想外出時，就可以依照著書中指示，自製出美味的小吃。

【DIY-003】

### 路邊攤紅不讓美食

Make Taiwaness Cuisines at home (Part Ⅳ)

大都會文化編輯部/著
20開 96頁
彩色 平裝 220元
ISBN 986-7651-14-6
EAN 978986751143

同心圓紅豆餅、三媽大腸臭臭鍋、烤洋芋、章魚燒、雙果人參雞、阿水獅滷豬腳、狀元及第粥、摩卡巧酥冰沙、帝王何首烏雞、公園號酸梅湯：12種路邊攤美味自己動手做，詳細作法、獨家秘方全公開，讓你輕鬆在家簡單享受美食。

## 生活大師系列

生活其實是件平凡而瑣碎的事，需要賦予更新而趣味的新風貌，讓日子過得舒適、方便、優雅有質感。只要一點巧思、一些創意，你也可以是生活大師。

---

NEW

【Master-001】

維多利亞・達雷西歐/著
孟昭玫/譯
20開 120頁
彩色 平裝 280元
ISBN 986-7651-09-X
EAN 9789867651099

### 遠離過敏：打造健康的居家環境

The Allergy-Free Home: A Practical Guide to Creating a Healthy Environment

本書提出一些明確的步驟，以使我們每個人都能在家中以最少的花費和心力來減少引起過敏的問題。例如，作者建議針對居家環境做許多簡單的改變，來大量減少據信會引起過敏病症的室內空氣污染物質；給予關於塵蹣與黴菌的精確清潔資訊；提供不會造成過敏症的室內植物清單。讀者也會找到安全與天然清潔產品的調製方法。

---

NEW

【Master-002】

高野泰樹/著
陳匡民/譯
20開 102頁
彩色 平裝 220元
ISBN 957-8219-41-5
EAN 9789578219410

### 這樣泡澡最健康—紓壓・排毒・瘦身三部曲

SPA And Health

現代人生活忙碌，精神容易緊繃，一些腰酸背痛的毛病，常常令人傷透腦筋，泡澡，不僅對全身上下的皮膚有美容功效，還可以舒緩身心。《這樣泡澡最健康—紓壓・排毒・瘦身三部曲》一書由日本健康養身專家撰寫，北海道大學醫學部審訂，配合輕鬆可愛的插圖，告訴你泡澡對人體的好處，還細分許多不同的泡澡方式，教導大家以輕鬆的方式，來醫治或預防身體上一些小病痛。

---

NEW

【Master-004】

林慧美/著
20開 120頁
彩色 平裝 280元
ISBN 986-7651-11-1
EAN 9789867651112

### 台灣珍奇廟—發財開運祈福路

Taiwan's Temple

本書詳盡介紹台北十家廟宇的精華特色，與祈拜時的詳盡步驟，告訴讀者想求什麼，就該去哪間廟宇找哪位神明，除讓大家對祭拜儀式有更多的了解，也對台北本土廟宇的文化意涵有更深刻的參悟。

大都會文化　總書目

●度小月系列

| | | | |
|---|---|---|---|
| 路邊攤賺大錢1【搶錢篇】 | 280元 | 路邊攤賺大錢2【奇蹟篇】 | 280元 |
| 路邊攤賺大錢3【致富篇】 | 280元 | 路邊攤賺大錢4【飾品配件篇】 | 280元 |
| 路邊攤賺大錢5【清涼美食篇】 | 280元 | 路邊攤賺大錢6【異國美食篇】 | 280元 |
| 路邊攤賺大錢7【元氣早餐篇】 | 280元 | 路邊攤賺大錢8【養生進補篇】 | 280元 |
| 路邊攤賺大錢9【加盟篇】 | 280元 | 路邊攤賺大錢10【中部搶錢篇】 | 280元 |

●DIY系列

| | | | |
|---|---|---|---|
| 路邊攤美食DIY | 220元 | 嚴選台灣小吃DIY | 220元 |
| 路邊攤超人氣小吃DIY | 220元 | | |

●流行瘋系列

| | | | |
|---|---|---|---|
| 跟著偶像FUN韓假 | 260元 | 女人百分百—男人心中的最愛 | 180元 |
| 哈利波特魔法學院 | 160元 | 韓式愛美大作戰 | 240元 |
| 下一個偶像就是你 | 180元 | | |

●生活大師系列

| | | | |
|---|---|---|---|
| 遠離過敏：打造健康的居家環境 | 280元 | 這樣泡澡最健康—紓壓、排毒、瘦身三部曲 | 220元 |
| 台灣珍奇廟??發財開運祈福路 | 280元 | | |

●寵物當家系列

| | | | |
|---|---|---|---|
| Smart養狗寶典 | 380元 | Smart養貓寶典 | 380元 |
| 貓咪玩具魔法DIY：讓牠快樂起舞的55種方法 | 220元 | 愛犬造型魔法書：讓你的寶貝漂亮一下 | 260元 |

●人物系列

| | | | |
|---|---|---|---|
| 現代灰姑娘 | 199元 | 黛安娜傳 | 360元 |
| 殤逝的英格蘭玫瑰 | 260元 | 優雅與狂野—威廉王子 | 260元 |
| 走出城堡的王子 | 160元 | 貝克漢與維多利亞—新皇族的真實人生 | 280元 |
| 瑪丹娜—流行天后的真實畫像 | 280元 | 從石油田到白宮—小布希的崛起之路 | 280元 |
| 風華再現—金庸傳 | 260元 | 紅塵歲月—三毛的生命戀歌 | 250元 |
| 船上的365天 | 360元 | | |

●精緻生活系列

| | | | |
|---|---|---|---|
| 別懷疑，我就是馬克大夫 | 200元 | 愛情詭話 | 170元 |
| 唉呀！真尷尬 | 200元 | 另類費洛蒙 | 180元 |
| 女人窺心事 | 120元 | 花落 | 180元 |

●禮物書系列

| | | | |
|---|---|---|---|
| 印象花園—梵谷 | 160元 | 印象花園—莫內 | 160元 |
| 印象花園—高更 | 160元 | 印象花園—竇加 | 160元 |
| 印象花園—雷諾瓦 | 160元 | 印象花園—大衛 | 160元 |
| 印象花園—畢卡索 | 160元 | 印象花園—達文西 | 160元 |
| 印象花園—米開朗基羅 | 160元 | 印象花園—拉斐爾 | 160元 |
| 印象花園—林布蘭特 | 160元 | 印象花園—米勒 | 160元 |
| 絮語說相思 情有獨鐘 | 200元 | | |

●工商企管系列

| | | | |
|---|---|---|---|
| 二十一世紀新工作浪潮 | 200元 | 美術工作者設計生涯轉轉彎 | 200元 |
| 攝影工作者快門生涯轉轉彎 | 200元 | 企劃工作者動腦生涯轉轉彎 | 200元 |
| 電腦工作者滑鼠生涯轉轉彎 | 200元 | 打開視窗說亮話 | 200元 |
| 七大狂銷策略 | 320元 | 挑戰極限 | 320元 |
| 化危機為轉機 | 200元 | 30分鐘教你提昇溝通技巧 | 110元 |
| 30分鐘教你自我腦內革命 | 110元 | 30分鐘教你樹立優質形象 | 110元 |
| 30分鐘教你錢多事少離家近 | 110元 | 30分鐘教你創造自我價值 | 110元 |
| 30分鐘教你Smart解決難題 | 110元 | 30分鐘教你如何激勵部屬 | 110元 |
| 30分鐘教你掌握優勢談判 | 110元 | 30分鐘教你如何快速致富 | 110元 |
| 30分鐘系列行動管理學科（九本） | 799元 | | |

●兒童安全系列

兒童完全自救寶盒（五書+五卡+四卷錄影帶）3,490（特價：NT$2,490）

| | |
|---|---|
| 兒童完全自救手冊-爸爸媽媽不在家時 | 兒童完全自救手冊-上學和放學途中 |
| 兒童完全自救手冊-獨自出門 | 兒童完全自救手冊-急救方法 |
| 兒童完全自救手冊-急救方法·危機處理備忘錄 | |

●語言工具系列

NEC新觀念美語教室 2,450 (特價：NT$9,960)

# 七大狂銷戰略

作　　者：西村 晃
譯　　者：陳匡民
發 行 人：林敬彬
主　　編：楊雅馨
封面設計：廖建興
美術設計：廖建興
出　　版：大都會文化　行政院新聞北市業字第89號
發　　行：大都會文化事業有限公司
110台北市基隆路一段432號4樓之9
讀者服務專線：（02）27235216
讀者服務傳真：（02）27235220
電子郵件信箱：metro@ms21.hinet.net
郵政劃撥：14050529 大都會文化事業有限公司
出版日期：2004年2月改版第1刷
定　　價：220元
I S B N：986-7651-13-8
書　　號：Success-001

國家圖書館預行編目資料
七大狂銷戰略／西村晃著；陳匡民譯.--再版
.--臺北市： 大都會文化, 2004〔民93〕
面： 公分. --（Success系列；1）
譯自：こんな時代にびの店、消えの店
ISBN 986-7651-13-8（平裝）
1.市場學 2.銷售
496　　　　93000010

廣　告　回　函
北區郵政管理局
登記證北台字第9125號
免　貼　郵　票

# 大都會文化事業有限公司

## 讀者服務部　收

110台北市基隆路一段432號4樓之9

寄回這張服務卡〔免貼郵票〕
您可以：
◎不定期收到最新出版訊息
◎參加各項回饋優惠活動

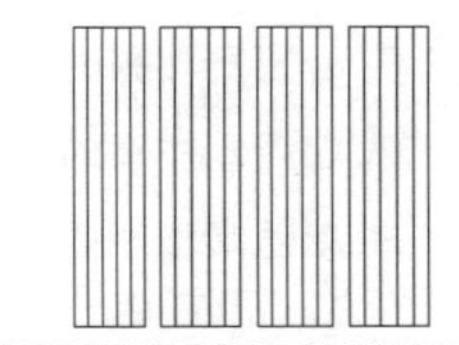

請沿虛線剪下，對折後裝訂寄回

# 大都會文化　讀者服務卡

書號：SUCCESS 001 **七大狂銷戰略**

謝謝您選擇了這本書！期待您的支持與建議，讓我們能有更多聯繫與互動的機會。
日後您將可不定期收到本公司的新書資訊及特惠活動訊息。

A. 您在何時購得本書：______年______月______日

B. 您在何處購得本書：____________書店，位於____________(市、縣)

C. 您從哪裡得知本書的消息：
1.□書店 2.□報章雜誌 3.□電台活動 4.□網路資訊
5.□書籤宣傳品等 6.□親友介紹 7.□書評 8.□其它

D. 您購買本書的動機：（可複選）
1.□對主題或內容感興趣 2.□工作需要 3.□生活需要
4.□自我進修 5.□內容為流行熱門話題 6.□其他

E. 您最喜歡本書的：（可複選）
1.□內容題材 2.□字體大小 3.□翻譯文筆 4.□封面 5.□編排方式 6.□其它

F. 您認為本書的封面：1.□非常出色 2.□普通 3.□毫不起眼 4.□其他

G. 您認為本書的編排：1.□非常出色 2.□普通 3.□毫不起眼 4.□其他

H. 您通常以哪些方式購書：(可複選)
1.□逛書店 2.□書展 3.□劃撥郵購 4.□團體訂購 5.□網路購書 6.□其他

I. 您希望我們出版哪類書籍：（可複選）
1.□旅遊 2.□流行文化 3.□生活休閒 4.□美容保養 5.□散文小品
6.□科學新知 7.□藝術音樂 8.□致富理財 9.□工商企管 10.□科幻推理
11.□史哲類 12.□勵志傳記 13.□電影小說 14.□語言學習（____語）
15.□幽默諧趣 16.□其他

J. 您對本書(系)的建議：

______________________________

K. 您對本出版社的建議：

______________________________

讀者小檔案

姓名：______________性別：□男 □女 生日：____年____月____日

年齡：1.□20歲以下 2.□21—30歲 3.□31—50歲 4.□51歲以上

職業：1.□學生 2.□軍公教 3.□大眾傳播 4.□服務業 5.□金融業 6.□製造業
7.□資訊業 8.□自由業 9.□家管 10.□退休 11.□其他

學歷：□國小或以下 □國中 □高中／高職 □大學／大專 □研究所以上

通訊地址：______________________________

電話：（H）______________（O）______________ 傳真：______________

行動電話：______________ E-Mail：______________

大都會文化
METROPOLITAN CULTURE

大都會文化
METROPOLITAN CULTURE